U0004981

開始養鸚鵡就上手

鸚鵡小木屋 Jack 吳育諶 著

寧子 Ning 繪

晨星出版

目次

Chapter **2**

為何大家都愛養幼鳥？

Chapter 9

Chapter 10

Chapter 11

推薦序

身為鳥類臨床獸醫師，在日常的診療工作中經常會面對各種不同類型的鳥類健康問題及鳥寶飼主，有些飼主會全心投入，如同家人般呵護，飼養照顧觀念也能與時俱進，然而也有些飼主或一時興起或其他因素無法妥適照料，相對也直接間接造成鳥寶的健康危害。在對應的處置上除了以醫療藥物等介入外，同時也必須與飼主溝通，如日常的飼養環境、飼糧供食、與鳥寶的互動、情緒照護、繁殖安排等，皆是關乎能否讓鳥寶處於健康狀態的重要因子。

目前飼養寵物鳥以鸚鵡佔大多數，其他如雀科、野生鳥類、外來種的數量居次，鸚鵡及雀科也受惠於飼料、營養補給品、繁殖技術的快速發展，新生幼鳥幾乎由人工繁殖而來，同時亦避免野外捕捉的傷害。鸚鵡的種類有數百種，各有不同的個性、習好及生活習慣，小型雀鳥體重約二十餘公克，大至金剛鸚鵡約一點二公斤以上，各種不同鳥寶總能為飼主家中帶來歡樂，而維護鳥寶的健康則有賴於飼主全心全力的照護。

建議有意飼養鸚鵡或寵物鳥的朋友要善作功課，作好準備再迎接新成員的到來，本書作者有豐富的經驗，能提供專業的知識分享，書中由認識鸚鵡、飼養技巧、環境的配置、訓練、繁殖到健康管理等皆有獨到見解說明，是入門新手及有經驗飼養者實用的參考指南，期待各位朋友皆能獲得更多美好的飼養體驗，天天都是快樂鳥日子。

凡賽爾賽鴿寵物鳥醫院院長

李照陽

推薦序

　　近年來因為高齡化社會與少子化的關係，讓各種多元的寵物成為許多朋友們家中不可或缺的成員之一，其中寵物鸚鵡也是非常受歡迎的族群。

　　鸚鵡本身是一種非常聰明與可愛的飛行動物，牠們擁有許多不同的品種和特徵，此外每一隻寵物鸚鵡都有屬於自己獨特的美麗外觀和行為特點。例如：可愛黏人的虎皮鸚鵡、活潑熱情的巴丹鸚鵡，或是喜歡與飼主玩遊戲的灰鸚。因此只要能夠用心體會與尋找，相信每一位朋友一定都能找到適合自己的寵物鳥品種。

　　此外，寵物鸚鵡也擁有非常出色的學習與鳴唱能力，除了可以學習人們說話外，也能夠模仿不同的聲音與歌唱，飼主更能透過與寵物鳥互動的過程當中，教導寵物鳥學習各種不同的技巧，例如：踢球、唱歌、短飛等動作，進而與寵物鳥建立難得的彼此信賴關係，並讓寵物鳥能夠快速地融入成為家庭中的一份子，為全家帶來無盡的歡樂和幸福感，所以飼養寵物鳥是一種充滿樂趣、挑戰與具有教育意義的美好經驗。

　　本書的作者「鸚鵡小木屋 Jack」擁有多年飼養鸚鵡與研究鳥類的經驗，為了讓更多的人可以了解這些可愛的鸚鵡，Jack 更長期不遺餘力的拍攝鳥類多元的分享影片，讓更多人了解各種不同的寵物鳥。近年來更擔任鳥類生態教師並結合公益，帶領大家深入了解各種鳥類的生活習性與飲食習慣，因此本書內容涵蓋眾多的鳥類知識與飼養建議！

　　無論您是第一次飼養寵物鳥或是有經驗的鳥類愛好者，希望可以藉由這一本書，讓您以更多元的視野來認識這些可愛的物種，同時帶給您豐富的飼養建議與鳥類知識，最後衷心期盼您與寵物鳥一起幸福，愛你所選、選你所愛。

台灣流浪兔保護協會副秘書長
臺北市鳥類商業同業公會顧問
品皇貿易股份有限公司（凡賽爾、飛達發）

推薦序

　　我非常榮幸地受邀為這本精心編寫的鸚鵡飼養書撰寫推薦序。作為一位特寵鳥類獸醫師以及本身也是飼養了許多鳥類的飼主，我深深了解鳥類寵物能豐富我們的生活及帶來許多的樂趣。

　　作者對鸚鵡的知識和熱情在每一頁中都得以體現。透過這本入門書，作者成功地將他的經驗和見解融入其中，使其成為一份對於想要開始飼養鳥類的人來說非常寶貴的指南。

　　這本書不僅涵蓋了鸚鵡的基本知識，如選擇適合的品種、環境條件和日常餵養，還提供了實用的飼養建議和問題解答。作者豐富的經驗使他能夠提供實用的建議，幫助你的鸚鵡保持健康和快樂。

　　我特別欣賞這本書的結構清晰，以及對於初學者所面臨的常見問題的詳細回答。不論你是對鸚鵡飼養感興趣的新手還是有些經驗的鳥類愛好者，這本書都能夠滿足你對於鸚鵡照養上基本的需求。

　　最後，我要強調這本書所體現的關愛和責任感。作者鼓勵讀者們建立起與他們的鸚鵡寵物之間的良好關係，並為他們提供適當的照顧和愛護。這種關心不僅對鸚鵡的幸福和健康至關重要，同時也能為你和你的寶貝寵物鳥帶來無盡的愉悅和回報。

　　衷心推薦這本鸚鵡飼養入門書，給所有對鸚鵡飼養有興趣的人。

鳥類專門獸醫師

陳逸安

推薦序

很榮幸能夠爲好友 Jack 的新書《開始養鸚鵡就上手》寫下這篇推薦序。在過去的幾年中，我看著 Jack 一步步以鸚鵡科普教育爲初衷、從無到有打造「鸚鵡小木屋」的影片及網站，由衷感佩 Jack 對於鸚鵡的熱情與奉獻。鸚鵡不僅是他的寵物，更是他的朋友、家人，而這本書正是他精心編纂，分享他無窮飼養知識和經驗的結晶。

鸚鵡是令人難以抗拒的可愛生物，但同時也需要負責任的飼養者來照顧。Jack 的書以其獨特的方式，提供了一個全面的鸚鵡飼養入門指南，從鸚鵡的選擇、飼養環境的設置，到日常護理和培訓技巧，應有盡有。不僅如此，他還融入了許多有趣的故事和個人見解，讓讀者在閱讀中充滿樂趣以及臨場感。我也藉由此書，身歷其境般地從挑選適合我的鸚鵡、打造鸚鵡的秘密基地一路到了解鸚鵡的生老病死。身爲一名減重專科主治醫師及家庭醫學專科醫師，常需要在問診時深入了解病人的生活作息、嗜好及飲食、運動習慣，某次問診時偶然發現家中飼養鸚鵡的小病人也有追蹤「鸚鵡小木屋」。拜讀完這本書，我發現飼養鸚鵡的所有小細節，完全不亞於照顧一個小孩，更加確認了陪伴照顧鸚鵡健康之餘，是有機會一起打造飼主與鸚鵡健康雙贏的局面！

這本書的價值在於它的實用性和易讀性。無論您是一位有鸚鵡飼養經驗的老手，還是初次踏足鸚鵡飼養的世界，抑或只是單純對這些可愛的生物感興趣，相信在這本書中，Jack 的建議都會對您有所幫助。

我衷心推薦《開始養鸚鵡就上手》，它將豐富您的生活，讓您更加珍惜與這些可愛生物的相處時光。讓我們跟著 Jack 一同探索這個獨特而美麗的鸚鵡世界吧！

前臺北榮民總醫院家庭醫學科主治醫師
現任桃園聖保祿醫院健康管理中心主任及健康減重專科醫師

陳

作者自序

早年在台灣幾乎沒有任何關於鸚鵡知識的 YouTube 頻道，在寵物鳥市場步步崛起的時代，網路上關於養鳥的資訊非常多元，多數是來自飼主的經驗分享與國外的翻譯文章，「鸚鵡小木屋」是最早將亞洲地區的「中文」養鳥資訊整合，並用「說」給大眾聽的方式成立於影音平台。隨著大眾對於養鳥概念的轉變，2020 年「鸚鵡小木屋」頻道創立後，開始在網路上被鳥友大量轉載分享，經過多年耕耘，創作上百部「鸚鵡飼養正確知識」的內容，累績將近千萬次的瀏覽量，打開了知名度。

疫情時代過去，線上與線下活動整合，鸚鵡小木屋品牌逐漸拓展至其他領域，例如：寵物鳥用品與飼料生產、鳥類用品廣告代言、各大校園演講、公益機構服務等等……。近期更專注於研究「鳥類基因學」與「稀有鳥類繁殖技術」，將鸚鵡的知識內容加深加廣，甚至攻讀生物學碩士，在學術領域持續投入研究。

大型鸚鵡的飼育與保育是我個人最有興趣的主題，我也在 2023 年開始飼養與研究各式各樣的稀有金剛鸚鵡，飼養過程當中與多位資深前輩學習鸚鵡的放飛訓練，甚至與馬來西亞等等各國鳥類專家進行知識交流，彼此學習，切磋成長。

未來期待能夠從基礎鳥類飼育觀念為出發點，推廣「新手鳥知識」，將養鳥的必備知識加以宣導，不論是到校園，深入輔導國小孩童對鳥類的生命教育，或是國高中的教師研習，強調鳥類對於人類的友善及愛護動物對特教陪伴輔助上的影響，最後從大學講堂走入國際，讓世界看見台灣的寵物鳥培育技術。

這本書作為新手養鳥的第一本「入門手冊」，仔細描述養鳥生活會遇到的大小事，包含了最初要如何選擇適合自己的寵物鳥、養鳥要做的功課、緊急狀況預防與處理、訓練鸚鵡的初步介紹等，以口語化的闡述方式帶各位進入鸚鵡的世界。

鸚鵡小木屋創辦人
Jack 吳育諶

鸚鵡小木屋 Jack YouTube
https://youtube.com/@Jack_and_parrots

關於繪者

寧子 Ning

　　個人藝術工作者、接案、兒童美術教育。作品常以在地全球化，以及重視台灣在地物種作為創作主軸，藉由繪畫將這些重要並且美好的生態傳達給更多人。

個人經歷

● 教育

　　－兒童美術教育、台大昆蟲寶兒童藝術創作課程、嘉義梅北國小教育營隊

● 展覽

　　－ 2020 創作聯展——醒夢

　　－ 2020 台北插畫藝術節 TaipeiIllustrationFair ——誰 是誰的誰？

　　－ 2021 台北插畫藝術節 TaipeiIllustrationFair ——封面人物

　　－ 2021 春季當代藝術沙龍展 ARTZDEAL ——無所畏懼的未來

　　－ 2022 台北插畫藝術節 TaipeiIllustrationFair ——時尚動物園

　　－ 2022TCCE 臺灣創媒會

● 獲獎

　　－ 2021 宜蘭獎 西方媒材類 入選

　　－ 2022 桃源美展 水墨類 佳作

● 合作

　　－自媒體生態品牌「鸚鵡小木屋」品牌美術 · 角色設計、商品包裝設計

　　－自媒體生態頻道「老 K 馴鷹」logo 設計、商品設計

　　－自媒體植物品牌「陽光 · 空氣 · 水」品牌美術設計、插畫設計

　　－扯鈴街頭藝人「鄭湧蒼」圖像委託設計

　　－食品「中裕脆皮蛋捲」logo 設計

　　－ JcardNFT 合作發行

　　－ PENKER× 陽光 · 空氣 · 水 / PENKER× 寧子 NING 商品開發設計

　　－ 2022 國立臺北教育大學 112 級體育表演會 主視覺、活動美術設計

● 粉絲專頁

IG：h_y_ning.art

FB: 寧子 NING

前言

認識鸚鵡

大家好，我是台灣寵物鳥網路節目創辦人——鸚鵡小木屋 Jack ！

我的生活最快樂的事情不外乎就是陪伴著家裡這些可愛的小朋友，每一隻都好有個性，好像在演電視劇一樣！我除了時常帶他們到台灣四

處旅遊，也包括了攝影以及參與多種公益活動，帶著鸚鵡朋友們認識更多新朋友、新事物，更和弱勢族群一起感受與寵物鳥相處的快樂與幸福！接下來就讓我娓娓道來吧！

▲ Jack 在台中漢口國中進行鸚鵡生態課程

桃樂比

非洲灰鸚鵡

　　桃樂比是我最早飼養的非洲灰鸚鵡，是鸚鵡小木屋長老級的代表人物，她是一個任性的女孩，且有咬毛的行為，只要沒有看到人就會習慣咬自己的羽毛，就像是患有公主病一樣。因為部分羽毛變少的關係，桃樂比就像是穿著短短的衣服，她的大腿羽毛也比較少，跟其他鸚鵡相比，就好像穿著一件迷你小短裙。桃樂比個性較孤僻不大喜歡跟其他鸚鵡互動，我常常都得安撫他跟其他孩子的爭執。不過，桃樂比可是很受小朋友歡迎的！

　　我帶桃樂比去自閉症總會陪伴孩子時，親人不怕生又愛熱鬧的個性，讓她跟大家的距離快速的拉近。原本不願意跟人接觸的小朋友也願意開口說「我最喜歡桃樂比，因為她的頭很可愛！」桃樂比看見人多的場合也不會怯場，好像擁有與生俱來的表演天份，在外出時，總是用歌聲與舞蹈強烈的吸引著眾人的目光！當然透過長時間與不同人接觸，桃樂比咬毛的狀況也正在持續改善，成為一隻快樂的可愛小公主！

▲ 桃樂比好奇地看著人

MOMO

慢熟大叔

非洲灰鸚鵡

　　MOMO 就像是一位大叔一樣，平時對陌生人相當冷漠，總帶著一副懷疑的眼神看著人，一發覺不對勁，他的嘴巴可是不會客氣地朝陌生人的手指咬下去！不過他卻是我最疼愛的一隻鸚鵡。

　　MOMO 的身世坎坷，當初在前飼主家中他的摯愛離他而去，去天上做天使了，飼主才發覺 MOMO 開始變得有異狀，感覺每天都悶悶不樂的，好像深深思念著天上的好友。傷心至極的 MOMO 甚至開始咬壞身上的羽毛，後來前飼主才委託我照顧。剛送來我身邊時，大概花了將近一年的時間才成功讓他放下戒心進而站上我的手，心中受到打擊的鸚鵡需要靠主人花更多時間陪伴，飲食方面也要更加留心，提供充足的營養與維生素，並且加強沐浴以及日照，轉移他們生活的重心。

　　過了一年多，他慢慢放下戒心，站上我的手，知道還是有人在乎他、愛他。我觀察到他在家裡開始會自言自語，有時候還會開始唱起歌來！變成現在每天幸福的模樣，平時在家裡玩的時候，看到我就舒服的趴下來，試圖讓我多花些時間在他身上，連先前嚴重的咬毛問題也一天一天改善，眼神中洋溢著幸福感，我也超級疼愛他。

▲ 非洲灰鸚鵡 MOMO

乖巧小弟

巴特

和尚鸚鵡

　　巴特的個性就像幼稚園的小弟弟，時而衝動，時而靠著同伴試圖壯大自己的聲勢，本來跟他的好夥伴卡蘿一起長大，無奈在一天的早晨卡蘿受到驚嚇飛失，至今仍無下落，巴特總愛跟在卡蘿的背後，一起在籠子邊護著自己的地盤，但現在獨立以後，變得更加成熟，與人也十分親近，對巴特的「鳥生」算是一大轉變，在未來我們將持續陪著他成長，創造更多快樂的時光，用笑容了結遺憾，帶著鳥兒走向新的世界。

▲ 年幼時期的巴特（左）和卡蘿

妹妹

金太陽鸚鵡

　　妹妹是一個討喜的童星，她總是像顆溫暖的小太陽常常黏在人的身邊，用著極其溫柔的力道磨蹭身邊家人，人見人愛，也是鳥界人家常說的「人人好的手養鳥」。所謂的「手養鳥」就是指從小被人帶大，手把手養大的鳥，跟人的親近程度很高，喜歡跟人在一起相處，十分討人喜歡！

　　她每天都癡癡地在籠子邊緣等待，期待可以自由自在的展翅且黏在我的身邊，這隻金太陽鸚鵡小時候我總是帶著她做「繫繩放飛訓練」，所以她的飛行技術可是比我們家的其他夥伴來得厲害很多。當初從台北開車到宜蘭向一位鳥友購買這隻小寶貝，一跟她見面就黏著我不放，像是注定要跟著我的寶可夢，當我使用寶貝球收服她之前，就早已像皮卡丘一樣溫馴的在我的肩膀上了！

▲ 金太陽鸚鵡妹妹

準愛吃鬼
槳槳
太平洋鸚鵡

　　他是愛吃鬼代表槳槳！有著柔軟如棉襖的外衣，像天空一樣清澈的水藍色，下半身還搭配一顆快要掉到地板的小肚肚，這是體型最小最小的寵物鸚鵡「太平洋鸚鵡」。淘氣的小男生可是很有原則的，不是女生摸他，他可是不輕易低頭的！

　　一天的工作就是「吃飽睡好！」，擦亮自己美麗的身體，再繼續用快迷死人的外表擄獲飼主脆弱的心！睡覺的時候還會用細小卻溫柔的聲音念念有詞，很像是在哄自己睡覺，真的是小王子等級的可愛鸚鵡。

▲ 太平洋鸚鵡槳槳

帕薩

金剛鸚鵡

　　帕薩是我養的第一隻金剛鸚鵡，以前想要養金剛鸚鵡非常久的時間，但一來擔心價格非常昂貴，二來擔心金剛鸚鵡相當洪亮的叫聲是否會影響到鄰居，後來決定居住在更加適合飼養鸚鵡的環境，提供給鸚鵡良好的飲食以及照顧，就正式將金剛鸚鵡帕薩接回家了！帕薩回家的影片上傳到 YouTube 以後，沒有想到人氣意外暴漲，因為她呆萌可愛的模樣，以及撒嬌的種種畫面，讓點閱率直衝 40 萬，電視台製作單位也相繼邀請拍攝。

　　帕薩也跟著我們家一起到全台各地巡迴與粉絲們見面，他的高人氣在我們養金剛鸚鵡以前完全沒有想到，也因為帕薩讓我們的生活變得多采多姿，學習到了以前完全沒有體驗過的經驗，更是了解了很多在國際之間關於金剛鸚鵡的議題還有台灣的現狀，帕薩的到來真是鸚鵡小木屋非常大的轉變以及突破！

▲ 琉璃金剛鸚鵡帕薩是豐富大家生活的人氣王

噠波

金剛鸚鵡

　　噠啵是小木屋的第二隻金剛鸚鵡，原先聽前輩告訴我，養了一隻金剛鸚鵡之後，沒多久一定會想要養第二隻，之前我還不相信，後來因為一次金剛鸚鵡聚會，被金剛鸚鵡更多鮮艷的顏色，以及稀有的品種給吸引。在台灣幾乎見不到和他長得一模一樣的鸚鵡，這也是為什麼當初我會這麼喜歡這種鸚鵡的原因。噠波身上的顏色相當豐富，每一次換羽毛，也都會有不同顏色的轉變，壽命高達 80 年以上，幾乎能夠作為「傳家寶」，個性憨厚老實的噠啵在大型鸚鵡圈也具有一定的知名度，也受邀成為台北市某國小的生命教育大使，讓更多人關注寵物鳥的議題與照顧生命負責任的心。

　　曾經帶著噠啵走在路上，被香港來的觀眾認出來，成為了鸚鵡小木屋頻道相當重要的代表性鳥類，噠啵時常跟著我們一起上山下海，到台灣的各個角落探索，智商高達七歲小孩的金剛鸚鵡，擁有自己獨立的思想與行為，這是照顧金剛鸚鵡非常特別的體驗，期待未來能夠帶著這些金剛鸚鵡，讓全台灣的人知道，原來寵物鳥是可以這麼像養小孩，是這麼貼心，這麼討人喜歡！

◀ 絢麗的背影是稀有金剛鸚鵡噠啵的最大亮點

圓潤小甜心

巴布

和尚鸚鵡

巴布是一隻白銀絲和尚鸚鵡，說話能力非常驚人，不到一歲就能夠學習兩三句完整的單詞，常常在鳥聚受到歡迎，和尚鸚鵡是台灣最常見的寵物鳥之一，巴布透過我們的日常訓練，除了學習說話以外，也學會了上手、飛行與環飛，是個性黏人討喜的小甜心，總在我們回家以後，用下巴頂著籠子邊，想要讓我們接觸她，跟她培養十足的親密情感。

巴布的身體非常健康，對世界充滿好奇心，也非常喜歡喝水，常常一整天都需要換上好幾次的飲用水，充足的營養也讓巴布得以擁有勻稱的身材，從小外出進行「減敏」訓練，讓巴布膽子變大，更有一種讓人無法抵擋的魅力存在。

◀ 白銀絲和尚鸚鵡
　巴布是非常討喜
　的美麗小甜心

重生鳳凰

點點

小太陽鸚鵡

　　在台灣有許多鸚鵡的救援協會，中華民國愛鳥兒救援協會就是其中之一，我們在這個協會成功領養了小太陽鸚鵡「點點」，因為這隻鸚鵡曾經遭受到被棄養「流浪」的過程，所以我們花了更多的時間與耐心陪伴這隻鸚鵡，從原本對人非常的害怕以及陌生，到現在每天都會主動的在籠子旁邊，看著我們的一舉一動，食量也變得越來越大，我們會定時讓救援協會知道鸚鵡的近況，以及鸚鵡的成長過程是否有遇到任何問題，領養鸚鵡也是飼養鸚鵡的其中一個管道，幫助這些無家可歸的孩子，有一個安身立命之所，有食物可以吃飽，有一個不會淋到雨的家。

　　小木屋會定期的舉辦公益活動，幫助各種救援團體募集足夠的資源，可以繼續為鸚鵡救援這份工作努力前進，我們也會盡力幫助更多的鸚鵡，讓這些流浪的寵物鳥都有一個安全基地！

▶ 被領養的小太陽鸚鵡點點重新擁有一個溫暖的家

天生歌姬

噗嘍

玄鳳鸚鵡

　　玄鳳鸚鵡是一種天生吹口哨能力非常強的品種，養了他之後發現確實如此，每天都能夠在生活當中聽到玄鳳鸚鵡的快樂歌聲，也很會學口哨的聲音。這種鸚鵡非常特別的是很喜歡出門，只要坐上車子，噗嘍就會不斷演唱自編歌曲，讓車上的朋友都很開心！

　　玄鳳鸚鵡的幼鳥照顧難度比較高，也很容易夭折，除此之外，晚上也非常容易因為突然的聲響，就在籠子裡面拍翅膀，更是一種需要陪伴的鸚鵡品種，鳳頭花科的物種最特別的就是他們頭上的冠羽，真的非常可愛，會隨著音樂旋律的起伏而上下晃動，每次帶出門上課，大家都會驚呼連連，原來鸚鵡的身體構造這麼特別！

▲ 玄鳳的冠羽是非常特別的身體構造

常見的寵物鳥圖鑑

　　除了鸚鵡小木屋的夥伴之外，在台灣也有很多適合飼養的寵物鳥，野外我們常常見到可愛的台灣野鳥，非保育類的台灣野鳥也是許多早期鳥類愛好者所喜愛飼養的物種，我們稱這些鳥類為「軟嘴鳥」，在野外主要探食水果、花粉、昆蟲、嫩葉為生。

　　綠繡眼、白頭翁以及外來種的四喜鳥都是台灣常見的寵物鳥，就連傳統農家常見「雞、鴨、鵝」，都是經過人為改良後也成為現在觀賞類的寵物品種，例如常見的柯爾鴨、日本矮雞在台灣都深受喜愛。

　　目前台灣也有五種開放飼養的「合法」猛禽種類，比如說哈里斯鷹（栗翅鷹）、蒼鷹、遊隼、紅鳶和紅尾鵟。不過也要提醒各位讀者，以上這些老鷹因為都是國外進口的物種，在台灣都是不可以輕易捕捉與飼養的喔！

▼ Jack 與友人至北投軍艦岩體驗「馴鷹」

接下來就是鸚鵡系列了！我會把鸚鵡以體型與食性大致分為三個類別，分別是：中小型、中大型以及吸蜜鸚鵡群。

中小型鸚鵡

▼ 太平洋鸚鵡

首先，就先從中小型鸚鵡介紹起吧。說到中小型的鸚鵡中最小的鸚鵡，就是剛剛介紹過的，我們家槳槳的品種——「太平洋鸚鵡」喔！

中小型鸚鵡當中，包含少數會學人說話的「虎皮鸚鵡」、粉紅少女般顏色的「秋草鸚鵡」，還有感情好到可以頒發最佳夫妻獎的「愛情鳥」。

若是體型稍大一些，我們就會講到討論度極高的玄鳳鸚鵡，因為他們的腮紅太容易被路人認為是「後天塗抹」上去的，所以是路人回頭率很高的品種。

▲ 黃化玄鳳

腮紅裡面是耳扎喔！

小知識

　　愛情鳥可以用有沒有眼圈分辨是牡丹鸚鵡還是小鸚喔，有眼圈的是牡丹鸚鵡，而沒有眼圈就是小鸚。

▲ 牡丹鸚鵡

▲ 小鸚

此外有一個最受台灣人歡迎的品種：和尚鸚鵡，可愛的外表加上說話的時候會有像小孩子剛學說話的「奶音」！這些可愛的元素加在一起，都讓許多養過和尚鸚鵡的人愛不釋手，落入「鸚鵡中毒」的窘境，養一隻就會忍不住想再養第二隻、第三隻……。

▲ 綠和尚鸚鵡
　拍攝地：新竹綠世界生態農場

　　但我個人也很喜歡同為中型體型的「金太陽鸚鵡」，雖然不像是和尚鸚鵡那麼會說話。不過由於群居性極高的性格，讓金太陽沒有看到「群體」就會沒有安全感，所以對人們十分依賴，外表顏色更是鮮豔亮麗，只是叫聲相當「熱情」，有時候走到家裡一樓就聽到四樓的金太陽在歡迎我回家了。

▲ 金太陽鸚鵡

其他的中型鸚鵡還有很多，例如韻律感很強喜歡兔子跳的「凱克鸚鵡」，像是戴著項鍊的「月輪鸚鵡」也是常見寵物鳥，沉默寡言型的鸚鵡則包括賈丁鸚鵡、塞內加爾鸚鵡。

▲ 金頭凱克鸚鵡
圖片來源：鸚鵡小木屋「挖到寶！嘉義藏有上百隻鸚鵡的休閒農場？」
拍攝地：嘉義三隻小豬休閒農場

▲ 月輪鸚鵡
　拍攝地：新竹北埔綠世界

▲ 塞內加爾鸚鵡
　拍攝地：宜蘭宜農牧場

中大型鸚鵡

跟塞內加爾同樣來自非洲的鸚鵡還有體型更大一點且鼎鼎大名的非洲灰鸚鵡，非洲灰鸚鵡通常都被歸類在「中大型鸚鵡」；因為灰鸚鵡超級會唱歌說話的特質，也讓他們榮登普及率最高的中大型鸚鵡之一。

◀ 非洲灰鸚鵡
圖片來源：鸚鵡小木屋「19
隻隱藏在羊牧場的鸚鵡」
拍攝地：宜蘭宜農牧場

YouTube

此外亞馬遜鸚鵡也不遑多讓喔！全身綠色，頭頂上帶有些許黃色的小黃帽也是中大型鸚鵡的代表種類。

◀ 小黃帽亞馬遜鸚鵡
拍攝地：宜蘭宜農牧場

講到單一顏色的代表鳥種，還有純白色的巴丹鸚鵡，個性外向活潑又很樂觀開朗，如果口袋深一些的人可以選擇這個種類。

◀ 巴丹鸚鵡
　 拍攝地：宜蘭宜農牧場

　　再來就是在我的童年中印象最深刻的一隻鸚鵡——「金剛鸚鵡」，動物表演逐漸退燒後，金剛鸚鵡逐漸轉為寵物性質飼養，常見他們在河堤與海邊，在飼主的專業協助下進行飛行訓練，他們的智商高達七歲小孩以上，經過嚴謹的訓練後能夠自由自在的在天空飛翔，以接近大自然的方式飼養，是現今許多鳥界專家很喜歡的休閒活動。

▲ 琉璃金剛鸚鵡
　 拍攝地：新竹北埔綠世界

吸蜜鸚鵡

　　最後一個類別在鸚鵡圈相當特別，他們叫做「吸蜜鸚鵡」。吸蜜鸚鵡在鸚鵡界可以說是獨樹一格的存在，有一群很熱愛吸蜜鸚鵡的族群，喜歡這些鸚鵡活潑外向且容易親近人的個性，不過有些人也因為他們的飲食習慣與叫聲而選擇退避三舍。吸蜜鸚鵡的品種非常多，首先三種吸蜜鸚鵡最容易讓人搞混，分別是鹿頂客、青海以及澳洲彩虹吸蜜，他們的主體顏色相近，卻是擁有截然不同的名稱，第一步先看這一隻吸蜜鸚鵡的後頸有沒有一條橘偏深紅色的羽毛，位置在臉頰下面一點，如果有的話，就可以知道是「鹿頂客」啦！鹿頂客也是會說話的鸚鵡品種，所以在吸蜜裡面算是蠻受歡迎的種類。

▲ 鹿頂客吸蜜鸚鵡
　拍攝地：嘉義三隻
　小豬休閒農場

▲ 青海吸蜜鸚鵡
　拍攝地：新竹北埔綠世界

▲ 澳洲彩虹吸蜜鸚鵡
　拍攝地：新竹北埔綠世界

　　如果我們看見他們胸口橘色的羽毛是帶有黑色紋路的話，毫無疑問的就是「青海」！

青海的原產地在東南亞，身體算是蠻強壯好養的品種，也因為胸口帶有深色紋路加上體色比其他吸蜜來得深，所以看起來顏色會更加飽和，這也是很多人喜歡青海的原因，仔細觀察他們雙腿也很特別，是呈現有點「虎斑狀」的紋路，連接到他們的下腹羽毛都是綠色的，越靠近尾巴顏色會越接近檸檬黃。

　　最後是「澳洲彩虹吸蜜鸚鵡」，大多人都會簡稱他們為「澳彩」，澳彩的體格比較大一些，胸口的羽毛是橘色的，但完全沒有黑色的條紋，是呈現乾淨的亮橘色，肚子腹部的羽毛顏色是深藍色，腿的地方也沒有剛剛講到青海的虎斑狀紋路，這些純粹且強烈對比的羽色都成為我們分邊澳彩的特徵，大家在寵物店可能也曾經見過他們的身影喔！。

　　講完了一般常見到的鹿頂客吸蜜鸚鵡、澳洲彩虹吸蜜鸚鵡以及青海吸蜜鸚鵡，接下來還有很多體型比較大的紅色吸蜜鸚鵡喔！

▲ 紅猩猩吸蜜鸚鵡（Chattering Lory）
　 拍攝地：新竹北埔綠世界

第一個要介紹的是「大黃兜」，這種鸚鵡的體型更加壯碩，以前這種鳥類在台灣幾乎看不到，一直到索羅門政府在 1991 年時才開放一些特定鳥種的限量出口，黃兜吸蜜鸚鵡才正式出現在各地，身體主要是以紅色為主體色，在頸部下方有一段羽毛是鮮豔的黃色，就像是圍兜兜一樣，所以人們也都叫他們「黃兜」，翅膀呈現綠色，而頭頂都是黑色羽毛，像佩戴帽子一樣，外表相當亮眼而吸睛！

　　跟大黃都相似的還有「紅猩猩吸蜜鸚鵡」，他們並沒有黃兜吸蜜鸚鵡的圍兜兜，胸又全部都是紅色的，翅膀與腿部都是綠色的，尾巴寬而大，且末端是黑色的喔！

　　最後還有「紅伶吸蜜鸚鵡」，這種鳥紅色的比例又更高了，紅伶幾乎一整隻都是紅色的，連翅膀都是紅色，除了末端跟腹部下方有部分的羽毛是呈現深藍色。紅伶不只好認，他們連學說話的能力也很強，網路上更時常可以看見飼主們分享家裡紅伶的搞笑片段，是一隻相當活潑，閃閃惹人愛的開心果！

▲ 紅伶吸蜜鸚鵡（Red Lory）
　拍攝地：嘉義三隻小豬休閒農場

吸蜜鸚鵡大約有一百多種，除了以上提過的，還有「黑頭乙女」、「閃電吸蜜」、「翡翠吸蜜」與稀少的「琥珀吸蜜」，這些種類都是目前台灣可以見到的喔！

▲ 閃電吸蜜鸚鵡（左）又稱藍紋吸蜜鸚鵡（Blue-streaked Lory），鹿頂客吸蜜鸚鵡（右），
又稱紅領虹彩吸蜜鸚鵡（Red-collared Lorikeet）
拍攝地：嘉義三隻小豬休閒農場

寵物鳥的身體構造

　　寵物鳥的身體構造與一般大眾所熟知的其他動物有些不同，例如擁有飛行能力就是因為鳥類擁有中空的骨骼、可以拍動的特化前肢（翅膀），加上腸道更短，完美的提供鳥類適合飛行的身體構造。

　　鳥類有多種特徵跟遠古時代的恐龍不謀而合，例如雙腳走路、卵生、皮膚表面有羽毛附著以及擁有共鳴腔的特徵，鳥類更是擁有強壯的胸肌，成為了現今地球上數量非常多，更是很有特色的生物種類。

　　我們與寵物鳥接觸時，也能夠感受到寵物鳥摸起來溫溫熱熱的，因為鳥類同樣屬於恆溫動物，生理機制會將鳥類的體溫維持在 40℃ ～ 42℃，比人體的體溫高 3℃ 左右，所以才會摸起來溫溫熱熱的喔！本章節將一起了解鳥類的身體構造。

眼睛　鳥類的眼睛可以看見非常多元的光線，視力甚至比人類還好，鳥類在高空行時，銳利的雙眼除了幫助鳥類找尋同伴與覓食，還能夠幫鳥類躲避其他天空中的掠食者，鸚鵡具有「眼皮」的構造，理毛、休息以及睡覺的時候，眼皮都會垂下保護眼睛。健康的鸚鵡眼睛看起來油亮有精神，眼睛的顏色也會隨著年齡的增長有所改變。

鼻孔　不同鸚鵡的鼻孔顏色、形狀、尺寸比例都有所差異，玄鳳鸚鵡的鼻孔較大，顏色通常是奶茶色，灰鸚鵡的鼻孔會有些細小的絨毛，虎皮鸚鵡的鼻孔稱為「蠟膜」，雄性虎皮鸚鵡的臘膜呈現鮮豔的藍色，雌性虎皮鸚鵡的蠟膜顏色較淺。

　　鼻孔除了是鸚鵡重要的呼吸器官，也是很有特色的器官之一。鸚鵡如果感冒的話，鼻孔也會鼻塞，呼吸就會有從鼻孔發出的聲音，同時也是判斷鸚鵡呼吸道狀況的指標。

胸骨　鸚鵡的胸骨又稱為「龍骨」，在鳥類胸口的正中間，周圍附著結食的肌肉，往肚子的方向延伸，兩側如果肌肉長得比較滿，胸骨會比較不明顯，反之，若鸚鵡身體瘦弱，胸大肌縮小，胸骨會變得非常明顯，像是一把刀子一樣（刀胸）。

腳爪　鸚鵡的腳爪有小小的片狀構造，年齡越大，腳上的鱗片會越明顯。鸚鵡的雙腳呈現「對趾」構造，前面兩趾，後面兩趾，幫助鸚鵡更容易穿梭在樹林之間，鸚鵡也會用靈活的腳爪抓握食物。有些鸚鵡的趾甲是透明的，可以看見些許的血管，有些則是黑色的，需要定期修磨以保持正常的樣態，預防斷裂或流血。

羽毛

鸚鵡的羽毛讓鸚鵡在拍動翅膀時可以穩定控制氣流，達到飛行的功能，羽毛對鸚鵡的保暖非常重要，羽毛的狀態更是求偶成功的關鍵因素，羽毛長出來之前，會先長出針狀羽管，之後像是開花一樣，羽毛從羽管中綻放，變成各式各樣美麗的姿態。

每一個部位的羽毛樣式與功能都有所不同，像是翅膀的飛行羽毛就是為了要飛翔，而特殊的鳳頭花科鸚鵡，會在頭上長出明顯的冠羽，羽毛的樣態也是生物學家命名鳥種的參考依據。

氣囊

鸚鵡的氣囊幫助鳥類調節體溫與氣體交換，氣囊是鳥類很重要的器官，我們可以想像成海綿，由多個孔洞組成的構造，分為前氣囊與後氣囊，通常是成對出現，可以儲存空氣，因為鳥類有氣囊這個構造，造就了很高效的呼吸效能，比哺乳類的呼吸效能更強。

尾羽

在鸚鵡的世界裡，尾羽分為短尾與長尾。主要的功能在於平衡與轉彎，雖然看起來不太顯眼，但是尾羽有很多我們意想不到的功能。有時要降落的時候，尾羽還能夠當鸚鵡的煞車，起飛時幫助鸚鵡飛行的升力，當鸚鵡在樹上休息時遇到強風，也會擺動尾羽保持身體的平衡。

尾脂腺

鸚鵡整理羽毛的時候，會一直用喙抓屁股附近的尾脂腺，目的是為了抓一些尾脂腺所分泌的油脂塗抹在鸚鵡的羽毛上，保護自己的羽毛。有些鸚鵡的個體還會在尾脂腺上面長一小撮白色且突兀的羽毛，對鳥類來說非常重要，建議不要過度觸摸鸚鵡的尾脂線，鸚鵡在梳理羽毛時也要儘量避免打擾。

Chapter 1

如何挑選我的
第一隻鸚鵡

給養鳥人的第一封信

　　非常多的寵物鳥兒活潑可愛，羽色也相當鮮豔，鸚鵡也是屬於少數會「學人說話」的寵物種類，逗趣的行為加上有時滑稽的動作，都讓很多人看到鸚鵡的時候都覺得哭笑不得。

　　他們在幼鳥時期也特別吸引人，很多人看到這些鳥寶寶水汪汪的大眼睛就會覺得非常心動！不過每一隻鸚鵡真的像許多網路影片那樣乖巧又會說話嗎？其實在光鮮亮麗的羽色背後，有非常多「鸚鵡的秘密」是沒有養過鸚鵡的人所不知道的。

▲ 琉璃金剛鸚鵡
　拍攝地：臺北市立動物園鸚鵡屋

飼養前的 3 個必備須知

抗壓能力

　　鳥類習慣用各種「行為語言」告訴飼主他們想表達的事情。有時候鳥兒會透過「咬人」來傳達的訊息，可能是表達情緒，又或者是在發洩精力，就跟小寶寶一樣，跟父母尚未學習如何溝通之前都會用各種「吸引飼主注意」的方式來表達想法。例如肚子餓、想要陪伴或是生氣時，我們都能看見他們行為上的大幅度轉變。因此跟鸚鵡互動需要強大的抗壓能力，也一定要有「會被咬」的心理準備，家中的家具也可能被啃得坑坑洞洞，這些都是鳥寶和我們「正常」的溝通方式。

▲ 鸚鵡會用各種方法吸引主人的注意力
　圖片來源：鸚鵡小木屋「隱藏在台北的鸚鵡聖地？派洛特咖啡造訪真實心得！」

除此之外，鸚鵡的「換羽期」和「發情期」是鳥寶比較敏感的時期。換羽期身上羽管會突然生長快速，鳥寶的行為上有時會感覺很不舒服，而在發情期時，鳥類體內賀爾蒙會產生變化，鳥寶這兩個時期脾氣都會比較暴躁一些，鳥寶若正在經歷這兩個時期，需要各位鳥奴多點包容心和耐心喔。

▲ 當鸚鵡心情不好時，不妨帶鳥寶到戶外走走喔！
圖片來源：鸚鵡小木屋「極限挑戰！帶寵物鳥上「最高的山」竟發生……？」

YouTube

鳥類的消化系統特殊，除了排泄物水份較高之外，平均每十分鐘就會排便一次，在你選擇要養什麼鳥之前，各位可以先問問自己：「會不會怕鳥的排泄物？」特別是「吸蜜鸚鵡」糞便水份比較多，比較容易噴到周邊環境，需要比其他品種的鸚鵡更常清潔環境。日常的清潔打掃，食盆、籠子等等都會有可能沾染穢物，所以如果你有「潔癖」又想要養鳥的話，可能要認真重新評估適不適合飼養寵物鳥了！

　　我們常提到「把鳥當作家人，我們要用全心全意的愛去照顧他」，不過很多人養鳥之前絕對沒有想到「鳥寶有天可能會離開我們」。

　　鳥是有翅膀的生物，萬一發生意外，鸚鵡一飛走飼主就會驚慌失措，緊張得嚎啕大哭而沒辦法冷靜找鳥，為了在飼養上更加注意各種「隱藏」的飛走的危險，我會建議大家在養鳥的那一刻起，就先有這個「鳥可能飛走心理準備」，時常保持著「危機意識」與「謹慎態度」慎防失去愛寵。

　　踏出家門會遇到許多突發狀況，例如最常見的高空風向，鳥寶若受到驚嚇，很有可能順著風被風帶走。我們在養鳥時就是要保持謹慎的心理狀態，遇到任何沒遇過的問題時，也較能冷靜地處理。

▼ 在基隆八斗子海岸，妹妹意外受到「猛禽」驚嚇，所幸安撫後無大礙。

養鳥需要的醫療花費也必須要先有心理準備，因爲動物的醫療系統不像人類有全民健保，所以帶寵物看醫生的費用一定比人類高上許多，鳥類在獸醫界算「特殊寵物」（非犬貓的寵物），因此幫鳥類看診的醫院比較難找。犬貓獸醫院的醫療器材、儀器和鳥類所適用的不一定相同，因此在養鳥之前，我會建議大家要有家裡附近鳥醫院的口袋名單，或是家裡需要備一些「常備藥」，遇到緊急危險時，才知道要怎麼及時處理，鳥的醫療費用往往是養鳥之前最容易忽視的地方。

保護訓練

大家在聽到「訓練」這兩個字的時候，可能直覺反應是認爲：「訓練應該像是馬戲團的那種表演性質的訓練」，此外，目前大家養鳥都是因爲寵物討喜的外表與個性而飼養，所以大多數人不喜歡「訓練」的互動，但是有時候「訓練也是一種保護」！

這是爲什麼呢？

不瞞大家說，很多在籠子裡成長到大的鸚鵡，只要到了籠子外面，突然間看見天空就有很大的機率振翅高飛，即便在室內鸚鵡再怎麼黏你，跟你再怎麼親近，因爲他們第一次在開闊空間飛翔，不會控制自己的飛行能力與外面的噪音、氣流等等，這些因素都會讓鸚鵡感覺非常害怕，所以通常一飛出去就怎麼叫都叫不回來了。

我們如果有做基本的「繫繩放飛訓練」（第六章會詳細說明），基本

▲ Jack 帶著金太陽鸚鵡妹妹做基礎「繫繩放飛訓練」。

訓練一來可以讓鸚鵡練習「室外氣流」的有效控制，增加他們的使用「飛行本能」的運動量，讓鸚鵡聽得懂你的哨音指令，二來，當鸚鵡有一天不小心真的飛出窗外，我們做好基礎的訓練，能夠讓鸚鵡更穩定的知道主人的位置，哨子一吹，鳥就回到你的身邊，所以這是屬於非常重要的「保護型訓練」喔！

小知識

如何做「叫飛訓練」呢？其實叫飛訓練簡單來說，就像是野外的鳥媽媽在教幼鳥離巢時的訓練。鳥類的雙親會在鳥兒學飛的時候，站在巢附近呼叫幼鳥，當幼鳥願意走出來或飛出來，鳥爸媽就會給孩子一點食物作為獎勵。

▲ 幼鳥時期就要開始進行「叫飛訓練」預防飛失。

一般訓練也是如此，我們在**鸚鵡很需要我們餵食食物的時候，我們**使用「哨音」來加強反射，在每一次餵食的時候吹一下哨子，並且呼叫鳥寶的名字。（例如：妹妹過來！逼逼！）重複且「長時間」的用同樣方式做訓練，當鳥寶聽到哨音或呼叫的時候，便會靠近飼主，因為他就會知道有東西可以吃了！

重要！

　　我們養鸚鵡之前也一定要知道，千萬不能因為不喜歡而選擇「棄養」甚至因為任何原因選擇「放生」。一般的鸚鵡因為從小習慣被人餵養，在野外幾乎失去自行覓食的能力，肌肉平時不像野鳥長期使用，寵物鳥的「持久力、耐力、體力、抵抗力」都不及野外的鳥類，很可能在野外的競爭之下死亡。相反的，若鸚鵡被大量在野外放生，卻適應環境後，非常有可能像「八哥」等等在台灣快速繁衍的外來種鳥類一樣，壓迫了許多本土種鳥類的生存空間，進而產生更大的生態威脅。

適合上手的鸚鵡入門品種

如果是養鸚鵡的新手，有什麼品種的鸚鵡是適合新手飼養的呢？

牡丹鸚鵡

首先第一個我會推薦的是「牡丹鸚鵡」，牡丹鸚鵡算是台灣的鳥店相當普遍且容易找到的鸚鵡品種，他們眼睛周圍擁有像綠繡眼一樣的白色羽毛，一圈白色的模樣相當呆萌，算是

▲ 同屬於「愛情鳥」的小鸚、牡丹，是很適合新手飼養的品種喔！

相當好入門的品種。從小跟人培養感情的牡丹鸚鵡跟人很親近，牡丹鸚鵡還有一個小兄弟叫「小鸚」！他們被合稱為「愛情鳥」。

兩種鸚鵡外觀主要的差別是在於小鸚的眼睛周圍沒有明顯的眼圈，牡丹鸚鵡的眼圈很明顯。不過他們兩兄弟可都是屬於體型壯碩的鸚鵡喔！有些人也會稱他們「戰鬥民族」，這種鳥類是屬於群居性的動物，原生種是綠色的，在家裡也喜歡去啃咬電線或植栽。

對於伴侶相當忠心，有時另一半消失或者離開時，飼主都有可能看見鳥寶表現出傷心的行為反應，怕孤單的愛情鳥有些鳥友會推薦「兩隻一起養」，不過這並沒有一定的正確答案。

養一對配對的愛情鳥，除了會有可能交配生蛋之外，也是有可能面對

繁殖帶來的風險。例如：若攝取過多脂肪，也容易造成鸚鵡「卡蛋」的危險，嚴重還可能會致命。如果大家飼養愛情鳥要切記最重要的——「均衡的飲食」。

貼心小提醒

　　即使是愛情鳥也不一定每一隻都會彼此擁有很好的感情。有時愛情鳥之間遇到「個性不合」或「看不順眼」的對象，「戰鬥小鸚」可不是叫假的，飼主如果飼養愛情鳥要特別當心「打群架」的問題喔！放風的時候，家裡的危險物品一定要收好才不會釀成悲劇。（詳情請看第七章：家中暗藏的危險最常被忽略）

和尚鸚鵡

　　和尚鸚鵡也是一種非常適合新手的鸚鵡，體型屬於中型鸚鵡，最重要的是，大家在養鸚鵡之前最在意的「說話能力」，對和尚鸚鵡來說也相當拿手。和尚鸚鵡因為胸前的灰色羽毛與如同「皺褶般」的紋路，很像是和尚的袈裟，因而得到「和尚鸚鵡」之名，也有人說是因為他們的頭圓圓亮亮的所以很像是和尚。

　　和尚鸚鵡是台灣人很愛養的鸚鵡種類，因為身體壯碩好照顧的特點大受歡迎，正常飼養情況之

其實是因為胸口羽毛很像袈裟啦！

▲ 和尚鸚鵡名稱的由來

下幾乎不太挑食，適合吃蔬果穀物與滋養丸調配的飼料。繁殖能力也很強，群體若是共同育雛，更可能會一起合作做出「巨大的巢」，讓很多人看到都覺得又驚又喜，和尚鸚鵡說話就像是小孩子一樣，不會說得很標準，帶著一絲絲口齒不清的感覺卻也是他們吸引人之處。

▲ 我心目中的第一名品牌：和尚中小型鸚鵡水果穀物

和尚鸚鵡外表顏色很多變，原生種是綠色，此外「藍色」在市面上也很常見，顏色比較多變化的像是黃和尚、白和尚、珊瑚藍、藍銀絲、哈密瓜、奶油黃等等，也會有比較大隻一點點的種系，業界的術語稱作「大格」與「小格」，意指體型大一些跟小一些的品種，各自都有一群愛好者，我也聽說有些人特愛「很小格」的綠和尚呢！

▶ 中小型鸚鵡當中的高人氣鳥種「和尚鸚鵡」

小太陽鸚鵡

如果說你想要一隻「小天使型」的鸚鵡，或許小太陽鸚鵡也將會是你的選項之一喔！這種鸚鵡的飼養難度不高，野生個體棲息在巴西與阿根廷附近地帶，很愛洗澡。

小太陽的品種很多，數量高達 16 種以上，仔細研究的話會發現他們在人工的培育之下所產生的新顏色更是豐富。被稱作為「錐尾鸚鵡」的小太陽，最主要的特色是尖尖的尾巴加上眼睛周圍濃濃的白色眼圈，胸口有像是鱗片一樣的明顯斑紋。主要的種類有分成綠頰小太陽、黃邊小太陽、肉桂小太陽、鳳梨小太陽、藍化小太陽、彩繪小太陽、玫瑰冠小太陽、鮮紅腹錐尾鸚鵡。特別適合「不想要跟別人養長相一樣」寵物鳥的人。品系多變的小太陽價格不會太貴，也很多稀有的品種可以挖掘，個性非常親近人，寵物性非常好，有時候愛撒嬌也愛調皮搗蛋。

飼養上要注意到了成年以後，性情容易變兇，可能會出現喜歡咬人的狀況，且說話能力不佳，與和尚鸚鵡相比略顯遜色。小太陽的顏色彩度也沒有和尚鸚鵡如此鮮豔的視覺效果，但他們出現的花紋，只要仔細觀察也會發現很漂亮，很值得仔細的研究喔！

▲ 鳳梨小太陽鸚鵡

什麼個性的鸚鵡適合我？

你知道鸚鵡也是有個性的嗎？高智商的鳥類每一隻都與眾不同，除了在外表上因基因所呈現出來的不同羽色之外，他們每一隻鳥兒的個性、喜好甚至連害怕的東西都是不同的喔！

更神奇的是，根據統計，不同品種的鸚鵡與飼主的互動行為也會有所不同，這並不僅限於說話能力，也包含了相處模式，例如在家中的時候，你的寵物鳥是比較像貓咪一樣冷酷，偶爾來蹭你個幾下，還是像熱情的大狗狗會讓你的生活充滿了粉紅泡泡呢？根據不同個性的飼主，在選擇鸚鵡之前必須先瞭解「我的個性適合哪種鸚鵡」？未來在相處時才能幸福又自在喔！

▲ 折衷鸚鵡（公）
拍攝地：臺北市立動物園

適合安靜生活的三種寵物鳥

在大都市大樓林立的環境之下，很多人在飼養鸚鵡之前都會想說：「自己偶爾都會被外面的野鳥吵醒了，如果在家中養鸚鵡真的行得通嗎？會不會像公雞一樣早上就叫我們起床？會不會影響到周圍鄰居的休憩與作息？如果真的要養比較安靜的鳥種應該咬如何選擇呢？」除了前面講到的太平洋鸚鵡很適合「安靜生活」的人飼養之外，其實還有一些其他不錯的選擇喔！

玄鳳鸚鵡

　　第一種你可以考慮的是「玄鳳鸚鵡」，雖然這種鸚鵡的腸胃道較為脆弱，在幼雛時期比較容易因為餵食溫度不對或其他種種原因產生變化，但長大以後是一種「高顏值」的鸚鵡。原生種的玄鳳鸚鵡在台灣的鳥界被稱作為「黑牛」，「玄」這個字本身就是指黑中泛紅的赤黑色，原生種的玄鳳「黑牛」主要的顏色就是黑色，這是玄鳳鸚鵡以「玄」得名的主要原因。

　　玄鳳的叫聲比起其他品種的鸚鵡不至於會讓人的耳朵有「快聾掉」的感覺。公鳥也會輕柔的吹著口哨，不過公鳥的叫聲與母鳥比起來也比較大，尤其早晨時分特別明顯。如果要確切知道鳥兒的真實性別還是以 DNA 的檢測會更為精確。

　　他們外表頭頂上的「冠羽」加上漫畫般的腮紅是這種鸚鵡最大的特色，身為鳳頭鸚鵡科的玄鳳鸚鵡對於音樂的掌握度也很好，大部分擁有溫馴的個性。不過玄鳳的膽子也比較小，晚上睡覺的時候如果遇到任何異常聲響就會比較容易「撞籠子」，這也被稱作「夜驚」。所以飼養玄鳳鸚鵡，建議可以幫他們點一盞小夜燈，給他們一些安全感。如果你是想要飼養可愛卻不會太吵雜的鸚鵡品種，或許可以把玄鳳鸚鵡放入你的口袋名單喔！

▲ 黃化玄鳳鸚鵡

▲ 玄鳳鸚鵡對紙張的「打洞能力」非常厲害喔！

塞內加爾鸚鵡

個性沈穩的塞內加爾鸚鵡深受資深養鳥人喜愛。

　　第二種是「塞內加爾鸚鵡」，塞內加爾鸚鵡在寵物店不算是太普及的鸚鵡品種，因為本身數量較少，一隻鸚鵡的價格可能落在幾千到上萬元都有可能。塞內加爾鸚鵡雖然不是熱門的鸚鵡品種，但很多養鳥人「養過都說讚！」。

　　他們的外型算是很特殊的，灰色的頭配上綠色的身體，最後的小短裙還是黃色的，其他亞種也有橙色及紅色的，一般人在外面有人帶這種寵物鳥，看到的時候還真的一時之間叫不出名字，既然他們沒有這麼熱門為什麼這個物種卻讓養鳥人愛不釋手呢？

　　塞內加爾的個性很沈穩，神經質的程度比其他鸚鵡低，重點是他們不太吵人，帶出去走在街頭也不容易跟別人「撞鳥」，所以深受「資深鸚鵡迷」的愛戴。但是他們冷靜而沉默的性格可不代表沒有個性，到了一個新環境的塞內加爾鸚鵡，容易感覺到陌生不自在，有時甚至不願意進食，需要飼主多花一些時間安撫，習慣環境後，才又會變回可愛的小頑皮！

賈丁氏鸚鵡

　　第三種品種要來介紹的，就是人稱「動靜皆宜」的小夥伴：賈丁氏鸚鵡，或又被稱作為賈丁！他們也有幾個不同的亞種，體重大約座落在 180 到 300 公克，常見的品種有黑翅賈丁等等。

　　這種鳥對於家裡人口較多的家庭算是蠻合適的，因為賈丁適應環境之後可以

▶ 稀有少見的賈丁氏鸚鵡也是適合「安靜生活」的寵物鳥之一

跟大家玩成一片，而且如果妥善照顧之下，不算是太體弱多病的鳥種，聲音的大小不至於讓人覺得反感或不舒服。不過他們身材壯碩，有時跟一大群人玩過頭會把主人的手指「打洞」處理。（解決方法請看第九章：鸚鵡怎麼突然變兇咬人）

這種鳥兒得好好照顧他們的心情，心情好可以開發出無限的潛能，像是「說話、表演」等等互動都可以透過訓練引導買丁進行，但是如果沒有照顧好他們的心情，除了前面講到的打洞之外，真正要兇起來大叫時，很多飼主都被嚇了一跳。但整體來說還算是好照顧的「非洲系列」鸚鵡（非洲灰鸚鵡也是來自於非洲的代表鳥種喔），如果想要養這種鸚鵡的話，也跟塞內加爾一樣需要多花一些時間尋找，才能找到這個神祕的種類喔！

貼心小提醒

即使有些鳥種的個性比較活潑好動，有些個性比較沈穩收斂，但是「鳴叫」永遠是鳥類的天性，飼養之前務必考慮清楚喔！

適合學說話的三種寵物鳥

鸚鵡算是學說話能力數一數二的寵物鳥品種，鳥類的說話能力也會取決於共鳴腔與其他構造，有些鸚鵡愛吹口哨像是「玄鳳鸚鵡」，有些鸚鵡節奏感特別好，像是「巴丹鸚鵡」，講到說話能力，在中小型鸚鵡當中大家一定會講到和尚鸚鵡，那麼除此之外，還有什麼鸚鵡說話能力特別好呢？

非洲灰鸚鵡

　　第一種就是非洲灰鸚鵡了，他們雖然沒有五彩的外衣，但擁有極佳的說話能力，灰鸚鵡的家在非洲，而在台灣最常見的是「剛果灰鸚」，不論在野外或寵物飼養上都愛吃嫩葉、果實。強而有力的雙腿也可以輔助他們用「腳」握著食物啃著吃！一般來說灰鸚鵡的公鳥羽色會比母鳥來的深，擁有黑色厚實的舌頭，咬合力也很強，從堅果到家裡的遙控器都難逃他們的嘴巴，身長大約 28 ～ 39 公分，擁有鮮紅色的尾巴，而提姆那灰鸚會比較小一些，他們在台灣非常受到歡迎，在全世界的寵物鳥市場也從未退燒，灰鸚鵡的高智商也被譽為「全世界最會說話」的鸚鵡。

▲ 進行「咬毛行為」治療調整中的非洲灰鸚鵡

　　不過最常見的就是「咬毛」的問題行為，長期如果偏愛吃葵瓜子而不愛其他食物，也可能會有「脂肪瘤」的問題，這些都讓飼主與獸醫師相當頭痛，所以若是要養灰鸚鵡必須要有對於營養的先備知識，擁有均衡的飲食與足夠的陪伴才能讓鳥寶平安又健康喔！

小黃帽亞馬遜鸚鵡

　　第二種我會推薦的是來自「亞馬遜」地區的鸚鵡，特別是小黃帽亞馬遜鸚鵡，旋律感極好的小黃帽擅長學人唱歌，尤其是「長而婉轉」的音調他們更是擅長，像是老歌類型的歌曲類型算是他們的專業，如果預算比較

高，想要飼養中大型的鸚鵡，並且擁有足夠的時間陪伴鸚鵡，空間上也有適合放風的環境，那麼來自亞馬遜的小黃帽會是很好的選擇。

　　體長大約 36 ～ 40 公分，跟灰鸚鵡差不多大，公母不易從外表分辨。跟主人互動很自然，高智商的特質讓許多遊戲把戲都難不倒他。主要食用種子、水果、堅果以及植物的嫩葉與少許動物性蛋白。身強體壯，幼鳥時期對人特別沒有戒心，若較早習慣與人的相處，長大以後會更加適應人群，多接觸外界的世界，膽子會變得比較大，多出門看看不一樣的世界更會引發他們的「表演欲」，有時看到陌生人還會手舞足蹈喔！

▼ 小黃帽亞馬遜鸚鵡也是非常擅長唱歌說話的品種
　　拍攝地：臺北市立動物園

虎皮鸚鵡

　　第三種，如果你的預算有限，但是渴望著家裡的鳥寶可以跟自己對話，有一種小型鸚鵡也很受歡迎，他們有著條紋狀的羽毛，被叫做虎皮鸚鵡，他們的雌雄比較好分辨，公的虎皮鸚鵡鼻子上我們稱作「鼻膜」的地方在成熟之後，顏色會比較飽和。

虎皮鸚鵡也會喜歡鳴叫。有時為了吸引飼主的注意，會發出類似於「人講話的聲音」雖然一開始不會很明顯，但如果專注於「單詞」的訓練，會讓他們的咬字更加清楚。虎皮鸚鵡從 19 世紀開始就因為會說話的特性，廣泛的流行於全世界，加上繁殖難度不高，

▲ 雄性的虎皮鸚鵡「鼻膜」顏色比較鮮豔，是辨別其性別的方法之一。

也開始育種出不同的人工變異型「羽衣虎皮」、「大頭虎皮」都是知名的品種，身體很精巧，體長加上尾巴大約 15 公分，體重大約 30 ～ 40 公克。

飲食上要特別注意「油脂」攝取不可過高，籠中飼養的虎皮要是攝取過油的食物，容易減短鸚鵡的壽命，對於繁殖也會有影響。蔬菜的攝取量也要多於水果，才不會攝取過多糖份喔！

世界上最聒噪的三種寵物鳥

鳥類在野外最好的溝通方式，絕對不是像蜜蜂一樣用跳舞的方式傳遞訊息，也不會像螞蟻一樣用氣味傳播訊號，他們是用他們的「大嗓門」來跟大夥兒一同在野外活動，所以鸚鵡真的在寵物的世界裡頭算是「偏吵」的類型，接下來要跟大家分享「最聒噪」的鸚鵡！

金剛鸚鵡

首先，第一名的寶座就要頒給金剛鸚鵡，金剛鸚鵡要是開始不開心起來，大嗓門一喊，可是連隔壁條巷子的人都聽得到的，雖然不像吸蜜鸚鵡那麼尖，但是「響度」真不能輕忽。

▲ 金剛鸚鵡休息時仍然霸氣

▲ 椰子金剛鸚鵡又稱棕櫚鳳頭鸚鵡
拍攝地：臺北市立動物園

　　不僅如此，叫聲和破壞力在鸚鵡界都算是成正比的，金剛鸚鵡需要足夠的破壞型玩具，而且許多籠門與鎖扣對金剛來說都是小菜一碟，金剛鸚鵡有許多種品種，其中綠翅金剛鸚鵡鮮豔的紅色羽毛加上比身體還長的尾羽相當亮眼，還有最常見的就是「琉璃金剛鸚鵡」，生長於南美洲沼澤森林的琉璃金剛鸚鵡即使叫聲很大，卻因為高智商又漂亮的樣子深受養鳥人喜愛。

　　許多放飛訓練的愛好者，會訓練這種鸚鵡在空曠的場地「盤飛」，掛上安全的 GPS 定位裝置後讓寵物鳥在天空翱翔，他們的身體得以伸展，叫聲也可以在高空盡情釋放，不過還是要呼籲，放飛活動都具有一定的危險性，如果沒有經過專業訓練或指導，任意放飛是很有可能叫不回來的喔！

巴丹鸚鵡

　　第二種是巴丹鸚鵡，全身白絨絨的羽毛是巴丹鸚鵡最大的特色，常見的品種有葵花鳳頭鸚鵡、雨傘巴丹、藍眼巴丹、粉紅巴丹，這些品種的嗓門都不小喔！在臺北市立動物園的鸚鵡屋也可以目睹他們的身影。

▲ 粉紅巴丹鸚鵡
拍攝地：臺北市立動物園

巴丹很喜歡跟人一起相處，個性也很平易近人，從小習慣跟人住在一起的巴丹鸚鵡，看到人的時候都很喜歡把頭低下來跟人「討摸」，他們的冠羽會隨著他們的情緒起伏而有所變化，興奮或開心的時候還會把整頭的羽毛前後搖動，像在聽「搖滾樂」一樣。巴丹鸚鵡的智商也很高，如果有人拿了他們的東西或破壞他的東西，巴丹鸚鵡還會表現出「不爽」的行為語言，想當然這種鸚鵡的破壞力也強，如果家中已經有飼養其他中小型鸚鵡要特別小心，他們容易太開心「玩過頭」而把其他小型鸚鵡咬傷甚至致命，巴丹鸚鵡的咬合力很大，需要給他們「適度發洩精力的用品」，讓身心靈都得到滿足。

▲ 雨傘巴丹鸚鵡
拍攝地：臺北市立動物園

▲ 巴丹鸚鵡的冠羽會隨著情緒起伏搖動

金太陽鸚鵡

第三種，也是最後一種聒噪的小鳥就是「金太陽鸚鵡」，金太陽鸚鵡的體型屬於中型鸚鵡，年幼的金太陽在亞成鳥時期顏色會偏綠一些，到了成鳥後，身體的綠色羽毛逐漸退去，金黃色面積會慢慢擴散，成為一隻貨真價實的金太陽鸚鵡！

金太陽鸚鵡的個性很黏人，屬於群居性的金太陽鸚鵡，只要沒有看到飼主就會想要「大聲呼叫」飼主，有時甚至一整天都趴在籠子旁邊等待著主人看他一眼。早晨的鳴叫會比較明顯，或者看到「具有威脅」的動物，例如看見黑鳶的時候，金太陽鸚鵡的本能就會促使他們放聲大叫，因為有

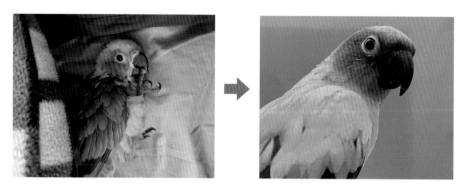

▲ 金太陽鸚鵡從幼鳥長到成鳥的模樣

天敵在身邊容易讓他們感覺不安，所以若要控制金太陽首先要給他們足夠的安全感，給鳥寶正常飲食與能休憩的地方。

正常飼養情況下的金太陽身體會蠻強壯的，吃東西也不太挑食，特別愛吃蔬果乾，他們也會喜歡把食物拿去泡水，讓果乾還原並且軟化，他們也會比較好入口一些。晚上睡覺時建議收進室內，可將燈光轉為昏暗，給予通風透氣的環境，讓鳥寶得到良好的休息。隔天起床之後就會精神飽滿的回到你身邊囉！

▲ 休息中的金太陽鸚鵡

鸚鵡的壽命

影響鸚鵡壽命的關鍵因素有以下幾個：

1. 基因

近親繁殖下的鸚鵡容易有「先天疾病」或是「隱疾」，會讓他們在正常的照顧之下，壽命比其他鸚鵡短。

2. 飲食

籠養的環境之下特別容易因為飲食而造成鳥寶減短壽命，例如傳統觀念裡頭「鸚鵡只吃瓜子」就會讓鸚鵡在不知不覺中攝取「太過單一」的營養，雖然高油脂的食物很吸引鸚鵡，卻也容易為鸚鵡帶來負面影響，就像是小孩子喜歡吃洋芋片一樣，一週吃一次無傷大雅，若是每日只是單一的攝取洋芋片，對於孩子的身體健康絕對不會是好的。我們給孩子吃些蔬菜水果時，他們不一定會領情，但能夠豐富他們的食物種類，在攝取食物的過程中，也可以跳脫呆板的吃飼料動作，鸚鵡會試圖去「啃」、「拔」、「撕」蔬果，對鸚鵡的活動狀態會有「行為豐富化」的效果。

▲ 葵瓜子可以適量給予，但千萬不能「只餵食葵瓜子」喔！

▲ 鸚鵡吃秋葵乾補充營養

▲ 鸚鵡吃新鮮水果豐富飲食

3. 環境

　　家中環境若有些不適合鸚鵡吃的觀葉植物應儘量避免，也一定要防止鸚鵡飛進「廚房、廁所、房間的被窩」，棉被這個看起來無害的地方也可能造成鸚鵡被棉被「悶死」。鸚鵡居住的環境，應儘量減少塑膠製品，以防止鳥寶誤食，棉繩也應儘量避免。生鏽的鐵件容易讓鸚鵡在玩玩具的時候咬到，籠子盡可能選擇不銹鋼材質，可避免鸚鵡誤食過量重金屬，而發生慢性中毒。

▶ 不鏽鋼的籠子可提供鸚鵡安全且堅固的生活環境

鸚鵡壽命表		
	文鳥	5～10 年
	綠繡眼	8～10 年
	白頭翁	8～10 年
	太平洋鸚鵡	15～20 年
	虎皮鸚鵡	5～8 年
	秋草鸚鵡	10 年
	牡丹鸚鵡	15～25 年
	小鸚	15～25 年
	玄鳳鸚鵡	10～15 年
	小太陽鸚鵡	10～15 年
	金太陽鸚鵡	15～30 年
5 年～30 年	翡翠鸚鵡	15～20 年
	月輪鸚鵡	15～20 年
	紅伶吸蜜鸚鵡	20～30 年
	和尚鸚鵡	20～30 年
	凱克鸚鵡	20～30 年
	澳洲彩虹吸蜜鸚鵡	25 年
	青海鸚鵡	25 年
	大黃兜鸚鵡	25～30 年
	黑頭乙女鸚鵡	25～30 年
	灰鸚鵡	25～30 年
	塞內加爾鸚鵡	25～30 年
	賈丁氏鸚鵡	25～30 年
	粉紅巴丹鸚鵡	30～40 年
	藍眼巴丹鸚鵡	40～60 年
	雨傘巴丹鸚鵡	40～60 年
30 年～100 年	藍紫金剛鸚鵡	50～60 年
	小黃帽鸚鵡	50～80 年
	琉璃金剛鸚鵡	50～80 年
	綠翅金剛鸚鵡	50～80 年
	椰子金剛鸚鵡	50～100 年

貼心小提醒

　　下定決心要照顧了鳥寶一輩子，請謹記「你的一下子，是鳥的一輩子」。大多數的寵物鸚鵡終其一生都是跟飼主在一起，可能很多人一開始為了好玩、新奇感而選擇飼養寵物，到了寵物發生了一些自己難以接受的事情，像是「換毛、咬人、咬毛、大叫」等等問題，就想要「送養」或「棄養」，這對於鸚

▲ 你的一下子，是鳥的一輩子。

鵡的心靈層面上來說都是一種深深的傷，是很嚴重的打擊。動物得重新適應一個全新的環境相當不容易，又要換一個全新的飼主對鸚鵡來說也是一種磨難，因此飼養鸚鵡之前必須要先有「照顧他一生」的打算，用愛守護著鳥寶，把他們當作家人看待，不能隨意棄養寵物喔！

▲ 用愛守護著鳥寶，給他們一個溫暖的家！

Chapter **2**

為何大家都愛養幼鳥？

如果我們想要飼養寵物鳥，想要聽取相關鳥友的建議，很多人都會說「一定要從幼鳥養！」不過真的要養幼鳥才會親人嗎？相反的，如果從小時候開始養就一定會親人嗎？幼鳥又應該要怎麼樣照顧呢？

　　我有一隻灰鸚鵡叫做 MOMO，而 MOMO 會來我們家的原因，是因為頻道的觀眾當時因為多種因素無法照顧，我才接手他來到我們家，經過一番努力後，MOMO 現在也成為了跟我感情很好的成年鳥！不過既然 MOMO 並不是我從小就開始照顧的幼鳥，那為何還會願意跟我相處呢？

▲ MOMO 到了鸚鵡小木屋繼續精彩人生

　　在養鸚鵡之前得先釐清一個名詞叫做「手養鳥」。鳥友們口中所說的手養鳥主要是指「人帶大的鳥」，從破殼後就長期的被人類餵養到大，有些鸚鵡甚至還是從「鸚鵡蛋」就靠孵蛋機孵出來，眼睛張開第一個看到的就是人類，因此透過長時間與人的相處，手養鳥會對人類比較沒有戒心，與人的互動性較高，也會比較喜歡做出試圖引起飼主注意的舉動。

　　不過，為什麼破殼後的鳥類看到第一眼的生物，會被他們認為是媽媽呢？

鸚鵡的銘印效應

在動物行為學上有一個特殊的名字叫「銘印效應」，有些人也會說是「印刻現象」，這是一種不可逆的學習模式，從1935 年開始，奧地利動物學家康拉德·洛倫茲（Konrad Zacharias Lorenz）便在鳥類身上發現一種特殊現象：鳥類在剛破殼的時候，會跟著第一眼看到的生物走，當作是自己的母親。

▲ 鸚鵡也有銘印效應

「銘印效應」是一種與生俱來的本能反應，而且一旦發生「銘印」就很難被改變，這協助了生物在野外環境不容易認錯自己的媽媽，進而得到母親的保護，而後代銘印（Filial imprinting）也指出，即使幼鳥第一眼看到的不是他的母親，一樣可能會發生此現象。

1950 年代大量研究銘印，科學家發現包括人類在內的許多動物都有銘印的神奇現象，我們飼養的寵物鳥也一樣，大家都會想要從幼鳥開始飼養，目的就是讓鳥寶把自己認成媽媽，在學吃或喝奶的時期會更好照顧，也會加深飼主與愛寵之間的情感。而相關研究也指出，銘印現象只會在某一段特定的「敏感期」發生，長大之後，甚至還會感受到「性銘印」的現象（性銘印就是指生物體本能上會自我辨認適合的交配對象），有利於保留好的基因繁衍後代。

鸚鵡在幼鳥時期外表也非常可愛，讓人看了心裡都會有暖暖的感覺，不過你知道這種感受也是有科學根據的嗎？

　　發展心理學家約翰・鮑比（John Bowlby）提出「依附理論」，內容當中提到「所有物種（包括人類）都有一些天生的行為傾向，這些傾向某種程度有助於該物種在演化上的生存及適應功能的。」簡單來說，在生物的生存與演化上，成人會自然地對嬰兒，或者是任何像嬰兒一樣的動物，給人「心融化」的感覺，會讓人想要照顧他，也不斷的加深「依附關係」，這也是為什麼我們看到可愛的動物都會想把他們帶回家養的原因。

▲ 大多數的養鳥人若想要鳥寶乖巧聽話，
　都會想要飼養鸚鵡幼鳥。

該選多大的幼鳥

我們該去什麼地方取得幼鳥呢？有什麼私人管道可以找到鸚鵡呢？

除了比較傳統的鳥店通路，也可以找找看是否有鳥友自家繁殖的幼鳥，有時可能鳥友家中鸚鵡不小心生太多就會釋出、請人推薦或者介紹，都可以在鳥店以外找到漂亮便宜的幼鳥喔！

如果在鳥店購買的話，要特別留意：

● 鳥店本身衛生環境是否整潔

● 幼鳥的環境有沒有整理好

● 附近的鸚鵡有沒有看起來生病的樣子

● 店家態度是否良好

未來飼養可能會遇到相關問題，也要確保店家的服務態度如何，有些店把鳥賣了就一概不負責，這在飼主未來的飼養生涯中，可能就會走的比較辛苦坎坷，如果是態度優良的店家，問問題時都會有耐心的告訴你，到實體店面購買是會對新手比較有保障的作法。

挑選幼鳥之前有幾個步驟可以幫助我們判斷一隻鳥是否

▲ 購買鸚鵡之前務必確保找到「負責任」的鳥店，未來飼養時會較有保障。

健康，首先我們可以觀察鸚鵡的精神狀況，雖然鸚鵡幼鳥一天的大部分時間都在睡覺，但是當他們看到食物在他們眼前，肯定會拼命的想要搶食，因為當鸚鵡在野外，搶到越多食物，活下來的機率就會越高，所以我們可以詢問店家是否可以看他們的餵食狀況，協助我們判斷一隻鳥的活動力。

　　接下來選定幾隻精神最好的鸚鵡幼鳥後，我們可以觀察四肢是否完整，有沒有「缺趾甲」或者是「外八、內八」的狀況，幼鳥被鳥爸媽照顧的期間可能會因為同伴擠壓或者鳥爸媽不小心壓到，而使得幼鳥的身體有不正常的發展，雖然有些可以透過後天矯正，但是不一定會完全成功，因為鸚鵡是一種「攀禽」，之後也可能影響到飲食或其他活動，也可以看看他們的翅膀有沒有收的完整，如果翅膀呈現「下垂」，這就是賽鴿界說的「落翅」，容易影響未來的飛行，當然外觀也會受其影響，此外，我們可以觀察他們的屁股是否有殘留的糞便，判斷消化能力是否有問題，儘量挑選羽毛乾淨、精神好、無殘缺的幼鳥，未來在照顧上面會比較容易一些喔！

　　決定想要養幼鳥之後，我們該選多大的幼鳥才是適合自己的呢？

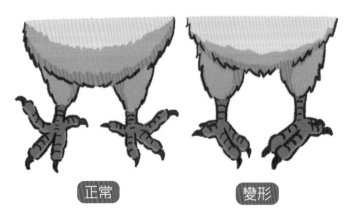

正常　　　　變形

▲ 鸚鵡的雙腳容易在幼鳥時期受外力變形，挑選鸚鵡時可特別注意。

▲ 羽毛長一半左右的幼鳥會比較容易照顧

　　年紀太小的幼鳥身體比較脆弱，有時甚至連羽毛都還沒有長，一天所需要花費的時間就像是照顧嬰兒一樣，會需要晚上爬起來補一餐。但是被母鳥照顧太大的鸚鵡，有時已失去「黃金銘印期」，飼主也會擔心這樣的鳥是否還會認主人，還會不會把自己當作母親？

　　我會建議一般新手養鸚鵡的話，可以先從羽毛觀察，最好是挑選羽毛已經生長一半以上的幼鳥，並且主動去詢問店家這隻鸚鵡「一天還需要補幾餐奶？」等等問題去多做了解。

　　一般來說有長一部分羽毛的幼鳥，已有一些保暖的能力，且眼睛已「開眼」，適應力會比較好，對於溫度的改變也會比較能夠適應，一天大概補兩餐，早晚各一次的餵奶頻率對於一般上班族或學生族群來說會比較方便，平時中間的時間可放置飼料，讓其開始學習啃食飼料，之後再逐漸減少餵奶量，讓鳥寶可以進行「斷奶」工作，此時幼鳥爸媽的工作就差不多告一段落了！

打造舒服的窩

　　帶鸚鵡幼鳥回家之後，你會需要準備一個美麗又舒服的窩讓幼鳥休息。一般來說我們會準備一個飼育箱，儘量選擇透氣的款式，底部使用松木砂或松木屑，使用天然的墊料為佳，以防鳥寶因為好奇而不小心誤食底下的材料。冬天飼養幼鳥可在飼育箱其中一邊放一個暖暖包，製造環境當中有「冷區」與「熱區」的分別，幼鳥可以依照所需的溫度移動，平時若溫度低於 25℃，會建議飼主準備保溫陶瓷燈，提供幼鳥比較穩定的熱源，將飼育箱置於家中陰涼處，不會被陽光直射的地方，旁邊最好用板子或布稍微遮一些光線，增加幼鳥的安全感。

◀ 鳥寶寶需要有「冷熱區」的窩，才能隨意調整舒適位置休息。

　　幼鳥成長到羽毛長齊會自己吃飼料之後，我們需要為他們準備一個籠子，乾淨的水杯或者飲水器，提供乾淨的水源，其中也要準備約莫 2 ～ 3 支的站棍、磨趾棍、飼料碗、蔬果架、玩具、籠布，尾巴比較長的鸚鵡例如玄鳳，儘量挑選高一點的籠子，以防尾羽過度磨損，夏天亦可準備電風扇降溫，打造一個冬暖夏涼舒服的鸚鵡小窩！

幼鳥夭折的真相

「幼鳥飼養」雖然可以讓鳥更加親近人，但是太過小的幼鳥很容易死亡，剛破殼的幼鳥在業界我們稱為「超幼」，剛破殼甚至連眼睛都還沒有張開的鸚鵡特別不好照顧，對環境特別敏感，餵食上對新手來說不容易上手，所以不建議大家購買太小的幼鳥。

幼鳥為什麼比成鳥容易夭折呢？

1. 因為幼鳥的羽毛還沒有長齊，很多人在養幼鳥的時候忽略的「保溫」的重要，所以容易在冬天失溫而死。
2. 幼鳥還不會自己進食，全靠飼主一湯匙一湯匙的餵食，所以只要餵錯東西，或者是泡配方奶的水溫度過高，當鸚鵡一口氣吃下去，直接燙傷食道，鸚鵡的幼小的身體也不堪如此強烈的衝擊。
3. 鸚鵡幼鳥身體很脆弱，鳥兒的骨骼為了飛行要減輕體重，在演化上骨骼是中空的，比起其他動物更容易因為撞擊或壓到而骨折或死亡。

以上三點就是幼鳥為什麼特別脆弱的原因。

▶ 幼鳥被太燙的奶燙傷

幼鳥不吃東西的主因

很多飼主在餵食鸚鵡幼鳥很常會私訊我「鳥寶不願意吃配方奶該怎麼辦？」

先排除病理性的原因，很多人第一次養幼鳥都不知道幼鳥有多嬌貴！怎麼會有如此一說呢？因為幼鳥吃食物很看重「濃度與溫度」，如果太冷的食物跟太過稀、過濃都會讓鸚鵡失去索食欲望，鸚鵡幼鳥的配方奶濃稠度大概比「米漿」稀一點點，是會比較適合的！泡奶溫度跟幼鳥本身體溫相近為佳，仿造母鳥餵食幼鳥的溫度與濃稠度，大約 25 ～ 35°c 左右，而泡奶時的水溫也不建議超過 70°c，過高的水溫容易導致奶粉營養流失。

▲ 泡奶濃度應該適當，可以此圖作為稠度的參考。

以鸚鵡的入門新手來說我會建議使用湯匙餵食，將配方奶調配好之後，讓鳥寶的頭部仰角呈現約 45°，搭配著哨音做直覺反應的基礎訓練，同時叫鳥寶的名字，再以湯匙就口，慢慢做餵食的動作，健康的鸚鵡也會表現出吃東西的強烈欲望，但切記千萬不能急，要慢慢吃，如果觀察到有嗆到的狀況請立即停止餵食，並且認真觀察鳥寶的狀態，在這邊實在是需要很「細心」，如有咳嗽不斷、嚴重的異樣請立即就醫。

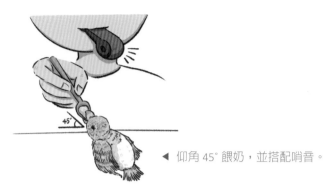

◀ 仰角 45° 餵奶，並搭配哨音。

　　因為湯匙餵食的速度較慢，資深的**鸚鵡**繁殖戶因為每天都要餵上百隻的**鸚鵡**，所以會使用「軟管」餵食，以塑膠軟管，放入鸚鵡的嗉囊，以灌食的方式快速的把食物送進他們的身體裡。不過這種方式也是有風險的，對新手來說，時常發生鸚鵡不小心把管子一起吞進去肚子裡，這種情況就非常麻煩了，最後可能要送醫甚至開刀處理才能撿回一條命，大家選擇餵食方式時，都要特別小心、事前做足功課再開始著手照顧幼鳥。

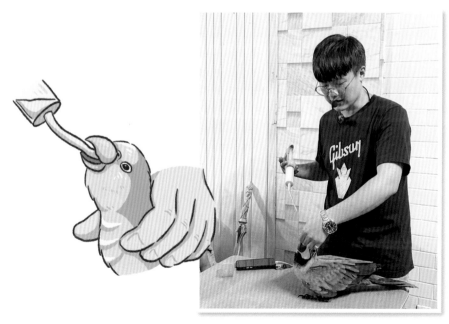

▲ 用軟管餵食需要非常小心

斷奶階段與副食品

　　幼鳥成長到一個階段即會進入「厭奶期」，我們可能會發覺家裡的鳥寶好像變得不太愛吃奶，每次吃的量也減少，同時羽毛也接近長齊，有時甚至快學飛了，這個時候我們就要幫他們執行一個階段性任務「斷奶」。

　　斷奶的鳥寶我們可以為他們準備一些鳥類可以食用的副食品，例如無殼的小米仁、小米穗甚至一些蒸熟的地瓜、南瓜、紅蘿蔔做成的泥狀食物，並且絕不添加任何油、鹽、糖等等調味料，將副食品加上少許的飼料放在保溫箱或飼育盆裡頭，撒少許的配方奶粉，讓食物有一點配方奶的味道，鳥寶會因為好奇感而嘗試啃食這些副食品。有時我們可能會覺得他們都在玩食物，沒有完全吃下，這樣的狀況純屬正常，因為他們還沒有吃到東西的成功經驗，等吃過不同食物之後，就會願意繼續嘗試吃下去了。

　　穀物類的副食品可以在乾燥的情況下，放在裡面給鸚鵡吃一天，但如果是蒸熟的食物，或帶水份的食物，都不建議置放超過半小時，以防食物產生變質的狀況。

　　不過，「厭奶期」真的有那麼容易渡過嗎？就算把食物放在飼料碗上，鳥寶真的會主動去吃嗎？

　　其實還是有很多飼主發現，家中鳥寶的「厭奶期」不明顯，每天都還在找奶吃，根本不理會我們提供的副食品，所以其實想要「成功斷奶」還是有一些小技巧的。

▲ 副食品幫助鸚鵡更快速斷奶

成功斷奶的步驟

首先幼鳥如果沒有出現明顯的厭奶，而不願意嘗試自己吃東西時，我們要減少配方奶的餵食量，例如從一天三餐變成早晚各一餐，以循序漸進的方式「拉長他們飢餓的時間」，促使他們嘗試啃食新的食物，不過在斷奶階段切記不能在鳥寶還不會吃東西的時候就完全不餵奶，至少一天睡前補一餐奶，提供足夠的營養與熱量來源。

減少餵食量與次數之後，鳥寶也開始會學飛了，腳也可以站得比較穩了之後，就可以讓他們住在籠子裡頭，除了上一頁講到的可以提供副食品之外，我們可以開始將水果穀物放在飼料碗，並且提供乾淨水源，如果鸚鵡對食物還不感興趣，我們可以把食物放在他們視線可輕易看見的範圍，或是他們習慣的站棍旁邊，讓他們輕鬆就能吃到食物，漸漸的鸚鵡就會開始學習自己進食了喔！

▲ 鸚鵡拍翅膀啃東西

在斷奶階段最常發生的就是飼主捨不得斷奶，當飼主看到鳥寶有一點點餓的跡象，就迅速地給鸚鵡餵食配方奶，這會讓鸚鵡長期習慣被餵食。到成鳥之後，若是長期餵食維生素營養較高的配方奶，也可能導致鳥寶的營養過剩，沒有意願自行攝食其他豐富的食材。鸚鵡不自己進食對飼主來說也會比較麻煩一些，所以一定不能太寵鸚鵡或太過於心軟，才可以好好把握鸚鵡成功斷奶的黃金關鍵期喔！

▲ 鸚鵡愛用手拿東西吃

▲ 讓鸚鵡自行進食，把握黃金斷奶期！

飼養幼鳥和成鳥最不一樣的 10 個地方

食性上大不相同

　　鸚鵡的幼鳥或者是其他寵物鳥的幼鳥，在幼年時期主要是由鳥爸媽提供反芻後的食物給他們，所以他們所吃的東西質地都會比較軟，當然我們在餵食上面也會使用比較軟比較好入口的食物給他們，但是到了成鳥的階段，我們給他的食物會更加豐富，例如堅果或者是帶殼的果實類食物，這些都是因為他們先天上的發展時間有所不同，我們因應他們的身體構造與適應能力，給予他們相對應適合的食物種類。

小知識

　　反芻：在鸚鵡當中可以見到他們有很特別的「反芻行為」。這個行為是鳥類將嗉囊當中的食物回流到嘴巴裡面，再次咀嚼。更有可能會將這些流回口腔內的食物，給予其他對象。例如自己的孩子或者是自己喜歡的對象。有時在這個圈子裡面也會被叫做「吐料」的行為。

▲ 幼鳥需吃比較柔軟的食物，因此父母有時會「吐料」給孩子。

飛行能力不同

　　從幼鳥開始飼養的鸚鵡，在翅膀還沒有長齊之前，在家中都還不太會飛得太高太遠，所以我們跟他的互動會比較親近，他們也不會因為看到不認識的人就起飛跑走。

　　但是如果是飼養成鳥的話就會遇到截然不同的情況，當他們看到陌生人的時候馬上振翅起飛，或甚至在籠子裡面衝撞都可能發生，正所謂初生之犢不畏虎，也因為身體構造尚未發展齊全，幼鳥比較不會害怕人，從小習慣跟人相處之後，也會更加親近人喔！

▲ 幼鳥練習飛行拍翅

叫聲的差別

　　你曾經被幼鳥呆萌的外表給吸引過嗎？他們在小時候總是用著水汪汪的大眼睛看著別人，也不會發出太大的鳴叫聲，我在真正從幼鳥養到成鳥的過程當中，我體會到了叫聲上面會有非常巨大的轉變，他們成熟以後可

能為了要找人或者是想要吃東西甚至只是為了想要引起你的注意，就有可能會放聲大叫，在幼年時期的分貝還不會這麼大，等到成鳥之後，每天的叫聲慢慢變大，甚至開始影響到周遭環境的其他人。這個時候我們可能就要透過其他的輔助行為以減緩這個叫聲的問題了。

◀ 幼鳥跟成鳥最不一樣的就是叫聲的差別

關於洗澡的問題

　　幼鳥成鳥也大不相同，我們通常會建議大家在小時候先不要讓鸚鵡洗澡，因為當他們身體較為虛弱而且羽毛還沒有長齊的時候，萬一洗好澡吹得不夠乾保溫不夠就有可能會失溫，但是養成鳥之後會發現，成鳥對於環境的適應力會比較高，也會比較願意自己主動洗澡，不過還是要提醒大家，洗好澡的時候務必將鸚鵡的羽毛吹乾，才不會讓家裡的鸚鵡感冒了喔！

▲ 洗好澡的時候務必將鸚鵡的羽毛用微微的熱風輕輕吹乾

毛色不一樣

　　在幼年時期的幼鳥羽毛顏色會比較沒有這麼鮮艷，有些甚至連顏色都不一樣，以金太陽鸚鵡來舉例，他們在幼年時期或者是亞成鳥的階段，顏色都會比較綠而且比較黯淡無光，但是到了成鳥的時候，他們就會換上金色的衣服，看起來閃閃發亮的，跟幼鳥的時候完全是不一樣的感覺，在毛色上面我們會觀察到幼鳥跟成鳥有很不一樣的差別，也是我們判斷一隻鸚鵡年紀的一個方法喔！

▼ 金太陽幼鳥、成鳥羽毛大不同

亞成鳥顏色
比較綠

成鳥顏色
比較金

力量不一樣

在小時候我們可以觀察到，鸚鵡如果想要跟我們互動的時候不至於會讓人感覺到痛，所以說很多人都會覺得自己養到天使寶寶，但是絕非如此喔！隨著他們慢慢長大之後，他們的力道也都會有明顯大幅度的轉變，力量開始改變之後，可能就會感覺到他們有一些攻擊的傾向，這個時候就必須靠主人用其他的物品跟他們交換，使其轉移注意力，藉此達到改善「咬人」的目的。

哼！

▲ 鸚鵡慢慢長大之後會有一些攻擊的傾向

個性不一樣

鸚鵡在幼鳥時期的個性總是比較溫柔，對人的感覺比較體貼，主要想要達到溫飽的需求，但是長大之後個性改變，可能會因為他們覺得外在環境有什麼不滿的地方，而敲擊破壞東西來抒發自己的情緒，在這方面基本上飼主都可以明顯地感受到鳥寶固執又頑強的個性，有時候我們家的鸚鵡也會跟我鬧脾氣，這也是我認為他們在幼年時期跟成鳥時期很不一樣的一個地方。

▲ 鸚鵡在幼鳥時期的個性總是比較溫柔

營養需求不同

因為在小時候鸚鵡的幼鳥主要都只是吃配方奶，所以在配方奶當中會給予他們足夠的營養素營養成份讓他們可以只吃配方奶就能夠維持正常生物體的活動機能，但是長大之後因為各個器官開始成長，鳥寶也會開始需要吃一些不一樣的食物，推薦這時候給予多種豐富的穀物水果為佳喔！

▲ 給予鸚鵡多種豐富的穀物水果

禦寒能力不同

　　很多人都會建議在養幼鳥的時候，籠子底下可以放一個暖暖包，但是養成鳥的飼主通常不會天天都開一個暖暖包給他們用，因為成鳥光羽毛的量就如同人類穿的棉襖一樣，而且隨著不同的季節也會更換羽毛，所以禦寒的能力也比幼鳥來得好了很多，大家如果是養幼鳥的話，也千萬要注意保溫的重要性，才可以讓他們平平安安健健康康的長大喔！

說話能力不同

　　很多人剛養幼鳥的時候會很好奇家裡的鸚鵡為什麼總是不會說話，即便是養了和尚鸚鵡灰鸚鵡這些比較會說話的品種，他們在幼鳥時期的說話能力基本上都會比較差，只會嘎嘎嘎的討奶叫食，到了他們亞成鳥甚至到成鳥的時候，才有可能因為想要吸引人的注意，或是本能的反應而開始學習人說話的聲音，還有環境的車聲、電鈴聲等等，所以大家如果覺得自己家的幼鳥怎麼都不會說話，千萬也不要覺得意外，這個都是正常的情況喔！

▲ 亞成鳥或成鳥的階段，比較容易學人說話。

Chapter **3**

打造鸚鵡的
秘密基地

關於鳥籠的配置範本

　　鸚鵡帶回家飼養之後慢慢斷奶、換過了羽毛，就正式成為了一隻漂亮的寵物鳥了，他們將會需要一個溫暖的家、溫暖的秘密基地，這個時候就是鳥奴最重要的工作了，鸚鵡的家會隨著鳥寶不同的年紀、不同的季節、溫度，會有不一樣的擺設以及變化，不一樣的籠內裝潢可以讓鳥寶的生活過得更加舒適。在佈置相關用品的選擇上都有一些「不得不注意」的細節，這些小地方雖然不起眼，但是有時候可能會影響到他們的生命安全！這一個章節就讓我們一起來談一談關於鸚鵡的秘密基地！

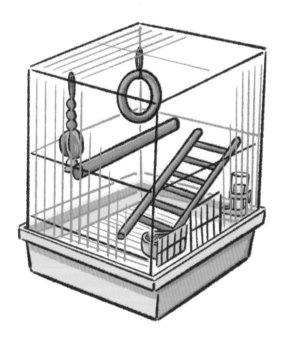

▲ 鸚鵡鳥籠佈置參考

鸚鵡籠子擺放位置注意事項

　　大多數的鸚鵡是屬於「熱帶地區」的鳥類，我們在空間的設計上面，需要考慮的因素有很多，像是「通風度」、「環境濕度」以及「溫度」都十分的重要，如果鳥籠放錯地方也有可能讓鳥兒長期的受到慢性負擔。他們的籠子應該要擺在室內還是室外呢？通常我們會建議把鸚鵡的籠子放在「室內」。

▶ 鸚鵡鳥籠置放位置參考

　　因為在室內的環境溫度變化比較小，小型的鸚鵡對於溫度變化特別敏感，天氣較為炎熱或者是較為寒冷時，他們都容易受到刺激，鳥寶甚至還會因為太過「炎熱」而中暑死亡。不過如果家中環境不允許的話，養在室外要特別注意通風以及陽光的照射，儘量讓鸚鵡的籠子擺設在「不會被陽

光直射」之處，通風良好的陰涼陽台，也可以是很好的飼養場所，環境也會比較容易整理，鸚鵡的粉塵也比較不容易影響生活，但晚上睡覺的時候，依然會建議把鸚鵡收到室內，給他們一個安心溫暖的感覺！

如果是擺在室內的籠子，儘量擺在陽光可以微微撒下的家中櫃子上，採光良好的地方可以讓鸚鵡擁有更好的心情，可以看到人的地方對鸚鵡來說，也比較容易適應跟人一起相處的環境，看到人的時候也比較不會怕，像是客廳就是大多數的養鳥人會置放鳥籠之處。

如果是有窗戶的場地，也要特別注意，儘量不要讓籠子離透明的窗戶太近，先前就有發生多起案例，有些人誤以為把籠子放在室內就沒事，但是窗戶旁邊有可能會引來野貓的攻擊，或者甚至是在寒流來襲的時候，在室內也可能會因為放在窗邊而凍死，身型比較小的中小型鸚鵡發生的機率更高。

夏天的時候要特別注意，如果天氣炎熱的話，為了保持溫度的平衡，我們可能會開啟空調。如果把冷氣打開的時候，儘量不要讓鸚鵡的籠子在出風口，或者是溫差較大的地方，這些地方會讓鸚鵡比較容易感冒生病，有些電子產品也比較容易刺激寵物鳥，像我個人就不太建議把鳥籠放在靠電視太近的地方，因為通常電視附近都比較吵雜，容易影響到鸚鵡休息的時間，這種強烈而且長時間的光照也都會讓幼鳥時期的鸚鵡受到過度的驚嚇。

鸚鵡的籠子所擺放的高度也會影響著他們跟其他生物之間的「相處地位」關係，通常鸚鵡的視線如果比人還要高的話他們就會覺得他比

▲ 電視附近比較吵雜可能會干擾鸚鵡休息

人還要來得高等，出來室內環境放飛的時候，有些飼主就發現這樣子的鸚鵡特別容易發生「咬人」或者是不聽話的狀況。

　　建議大家鸚鵡籠子可以擺設在跟人的視線平視的地方，或者是比人的視線來得低一些之處，對於寵物鳥來說，這個位置比較能夠讓他們跟人心中的地位關係變得比較近，未來在飼養以及默契感情培養的時候，也比較容易快速地建立起關係喔！

　　鸚鵡的籠子有些人也會使用「籠架」，這是可以放籠子下方又可以放置一些鸚鵡用品的架子。像是飼料、玩具、保溫燈等等都可以收在一起，使用起來也蠻方便的，稍微把籠子墊高起來，他們的環境溫濕度也會比較穩定。

　　大家也可以購買給鸚鵡使用的溫濕度計，放在鸚鵡的籠子附近，讓我們可以更加清楚的知道這個環境對他們來說是否合適。對於鸚鵡來說，理想的氣溫應該是介於 18°C 到 27°C 之間，而濕度大約是在 50% 到 60% 之間，理想的溫濕度能夠讓鸚鵡的羽毛以及呼吸道系統得到比較好的照顧。空氣的品質對他們來說也很重要，家中廚房若是有料理油煙也不建議把鸚鵡的籠子放在附近，長期來說都會影響著鸚鵡的呼吸道還有身體健康。

▲ 廚房料理油煙對鸚鵡有害

準備養育所需用品

如何挑選合適的鳥籠

　　不同的鸚鵡因為擁有不同的身型、不同活動力、不同啃咬力、不同破壞力，所以需要的籠子還有適合的用品都不會完全一樣。首先我們來討論一下鸚鵡適合什麼樣的鳥籠？先從空間上面開始探討，一般以台灣最常見的虎皮鸚鵡來作為例子，籠子的大小空間建議選擇比鳥寶的身體大 1.5 ～ 2 倍，寬敞的空間會比較適合活動力較高的鸚鵡，籠子越大也比較可以放得下玩具還有相關的用品，鳥寶生活起來也會有比較舒適的空間可以完全的伸展翅膀。

烤漆籠　　　　　不鏽鋼籠

　　目前市場上面最普遍的材質是烤漆籠。烤漆籠子的優點是價格比較低，而且比較好取得，重量比較輕，缺點是比較容易「掉漆」，鸚鵡是一種很愛啃來啃去的鳥，若烤漆被他們破壞到掉漆或甚至是內層的生鏽物質露出，都有可能為生物體帶來負面的影響。

如果籠子不小心遭受到撞擊或者是地震的時候，烤漆籠的結構性會比較差，要是不小心摔下去，籠子也有可能會解體，這些因素在挑選籠子之前也必須考慮進去。如果是中小型鸚鵡或者是雀科的鳥類可以使用，但是對於中大型的鸚鵡來說就不一定適合了，那麼中大型鸚鵡（台灣常見到的非洲灰鸚鵡）該用什麼樣的材質會比較合適呢？

▲ 不鏽鋼籠子堅固耐用但價格較高

體型比較大的寵物鳥日常的咬合力也會比較強，對於烤漆籠的漆，說實在的相當的容易就可以破壞，很輕鬆的就可以讓籠子變形，所以說通常我們會建議使用「不鏽鋼」的籠子，強壯而且耐用，不太容易因為外力撞擊而變形甚至解體，使用上清洗也會比較容易，不過相對的價格就高了許多。

但是他們因為是不鏽鋼的材質所以相對也保值，如果未來想要換更大一點的籠子，也可以用二手的價格賣掉，也都會有不錯的二手價，如果在第一次購買有價格上的考量，但是又想要使用比較好的材質給家裡的寶貝，也可以上臉書的社團找尋二手的不鏽鋼籠子也都很耐用喔！

籠子柵欄之間的間距也是我們必須考慮的元素之一，我們要考量到家裡鸚鵡的身材體型是否會從籠子之間的縫隙跑出去？像是間隙比較大的籠子就不適合小型的太平洋鸚鵡使用，鳥寶可能一不小心就會從籠子之間的空隙鑽出去了，這對於我們在選擇籠子的時候也是必須去考慮的細節之一！

▲ 注意鸚鵡可能從籠子縫隙鑽出

現在台灣生產籠子的廠商也很多，不過大部分比較精緻、做工比較細緻的籠子都是「國外進口」的為主，國外進口的籠子造型、風格、形狀上面也更加多變，有些甚至還會有開放式的窗戶，可以搭配著站架，讓鸚鵡出來的時候有一個地方可以站，此外也有一些國外的設計會把籠子的周圍使用鐵件圍起來，讓飼料或者是其他的羽毛不會太過容易四散，各個國家都有相當貼心的設計，大家如果在飼養上面有特殊的需求也都可以多參考看看！

飼料盆選擇指南

鸚鵡飼料盆的選擇跟其他的鳥類不大相同，鸚鵡的啃咬力量強大，在野外時常啃食樹皮，甚至還能夠在樹上面挖洞，築巢以及繁殖下蛋，鸚鵡擁有強壯的咬合力量，我們通常會建議採用「不鏽鋼碗盆」，相較於塑膠製品，不鏽鋼所製作的用具相對之下也較為安全，比較不容易因為鸚鵡不小心啄破而「誤食」塑膠料，長期的考慮來看，不鏽鋼的用具與飼料盆比較耐用。

塑膠飼料盆容易被鸚鵡破壞

洗澡盆選擇指南

　　鸚鵡的洗澡盆容易因為不同的顏色、大小甚至「水的深淺」都會變成影響一隻鸚鵡是否想要洗澡，野外的鸚鵡習慣在下雨的時候沐浴，或者是在較淺的積水之處洗澡。洗澡對於鸚鵡來說是本能的行為，不過很多飼主都會發現家裡的鸚鵡不太喜歡去洗澡盆洗澡。

　　如果有發生這種狀況，建議在挑選洗澡盆的時候可以注意，建議挑選淺色或透明白色的盆子，「淺而寬」是比較適合鸚鵡的，一次的水不要放太多，讓鸚鵡習慣之後也建立了安全感，便會加強鳥寶洗澡的意願，有時鳥寶對於顏色也非常敏感，例如紅色就是遇到危險的顏色，（像是血液的紅色給生物體警告的意味），因此如果挑選紅色的澡盆容易讓鸚鵡警戒而不願意洗澡，這些在挑選上面的細節大家也可以多留意！

棲木選擇指南

　　站棍、磨趾的選擇方式攸關於鳥禽類腳爪的保養，以及鳥寶長期的抓握健康度，不管是在野外的鸚鵡或者是人類飼養的寵物鳥，一天有大部分的時間都是需要依靠一個良好的棲木站立，鳥類專家也指出，不符合鸚鵡身體尺寸所使用的用品，長期來說也有可能導致鳥禽類更容易得到禽掌炎的危險！那麼我們應該要如何挑選正確的棲木呢？

　　首先我們應該先判斷自己家中鸚鵡的體型大小，如果小型的鸚鵡用太粗的棍子，一整天就必須「用力地」張開腳掌，對他們來說也是一個負擔。如果體型比較大的鳥類，使用「過細」的棍子，他們的腳爪面積超出棍子

太多，抓握起來也不會順手，我們通常會建議飼主，鸚鵡所使用的站棍最好選「腳掌能夠包覆 3/4」左右面積的棍子，並且仔細觀察鸚鵡在使用的過程當中是否習慣？

▲ 適合的站棍粗細

　　一個籠子最好準備三種不同尺寸、不同粗細的站棍，站棍的直徑也須注意，適合鸚鵡的站棍可以幫助鸚鵡正常的磨損趾甲，平常出來玩的時候，比較不容易不小心刺傷人。

　　在選擇材質上面也有很多常見的材質可以考慮進去，例如不鏽鋼、木頭、磨砂材質。不鏽鋼站棍的優點是比較不容易被大型的鸚鵡啃壞，但是當天氣變化的時候，他們腳下棍子的溫度也比較容易跟著環境而改變。

　　如果飼養中大型的鸚鵡，可以考慮使用不鏽鋼的材質，使用起來比較耐用，但如果是中小型的鸚鵡，我就會比較推薦你使用木頭的棍子，其實市面上的木頭商品，每一個產品的細節設計都不大相同，就連木頭的硬度，還有樹皮的耐咬程度，都會影響鸚鵡用品的壽命！

在選擇木頭產品時，建議選擇質地較硬的木頭，例如花椒木就是很常見的材質。花椒木是屬於一種落葉喬木，一般在大自然的生長狀況之下，高度不會太高，而且生長速度也比一般的植物稍微慢，所以這種材質會更加堅硬，在國內外也有不少人用這種木頭來製作成拐杖，最明顯的特色就是這種木頭的表面「不是平整」的，會有部分凹凸不平的小突起，有些人甚至認為這些突出的地方可以達到「按摩」的作用。

所以一般使用這種木材所製作的站棍，會部分的保留一點點的突起，把太突出的地方切掉研磨，留下主要的形狀，再將木材裝上螺絲，提供給鸚鵡當作平時棲息的棍子。因為保留樹皮的材質，鸚鵡的腳在抓握的時候也會更加的貼近「野外生活」的感覺！

講到木頭的站棍，站棍可以讓鸚鵡的趾甲稍微磨損，不過效果還是有限，所以如果飼主想要讓鸚鵡的趾甲可以適度修整，就會開始考慮使用「磨趾棍」！

什麼是磨趾棍呢？顧名思義，磨趾棍就是裝在籠子裡面，讓鸚鵡站立抓握時，可以達到「磨趾甲」的功能，設計上主要使用較為粗糙的材質，將粗糙的沙粒附著在松木之上，有時候附著在棍子上的小沙子會在使用的過程當中脫落，挑選磨趾棍時也要特別注意以「不要掉砂子」的較佳。

有些鸚鵡用品材質較差、價格比較低廉的商品可能會不斷掉沙子下來，使用起來會比較不順手，一分錢一分貨，大家在挑選鸚鵡商品的時候，這些小細節可以更加細心的留意喔。

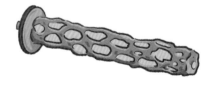

▲ 花椒木鸚鵡站棍

▲ 磨砂鸚鵡站棍（磨趾棍）

裝潢家具指南

　　晉升成為鳥奴的小伙伴，夢想都是幫家裡的鸚鵡裝潢一個華麗夢幻的家，我們有什麼小型的「鸚鵡家具」可以幫家中鸚鵡裝設呢？比較常見的包含鸚鵡的跳板。

　　鸚鵡的跳板提供一個讓鳥類休憩的平台，讓他們有不一樣的地方可以休息，尤其是在晚上睡覺的時候，鸚鵡在鳥類休憩平台上面會更加自在舒服！通常這種平台都是用松木的材質所製作，仔細的修整邊緣，讓鸚鵡在使用的過程當中不會刮傷身體，這也是非常常見且實用的鸚鵡裝潢家具喔！

▲ 鸚鵡跳板

　　除此之外比較好玩的還有「鸚鵡吊床」，大家有看過森林裡面樹木之間的吊床嗎？鸚鵡常見的裝潢用品裡面，有時候也會看到有人使用「吊床」，使用起來搖搖晃晃的，中小型的鸚鵡也會特別享受這種感覺，特別是和尚鸚鵡也會很喜歡待在上面遊戲。

▼ 鸚鵡吊床

　　中小型的鸚鵡也會特別喜歡可以自由自在爬上爬下的「樓梯」，例如可以直接靠在牆壁的吊掛式樓梯，或者是直接鎖在側邊的樓梯。鳥寶在籠子裡面上下爬動的過程，也會讓整體的遊樂環境更加有趣。

▶ 吊掛式樓梯

中大型的鸚鵡籠子中，國外常使用棉繩組成的攀爬繩，主要是協助鸚鵡可以在籠子的空間當中做更大的利用，例如鸚鵡偶爾也會把自己的身體上下顛倒體驗懸吊的感受，所以鸚鵡「攀爬繩」也很受歡迎！

▶ 攀爬繩

但棉繩所組成的鸚鵡生活用品，因為考量到「可能會誤食棉繩」，而使棉繩殘絮在體內長期累積，有些人也不太建議使用棉繩的材質，若棉絮累積無法排除之後，就只能夠靠外科手術移除了！鸚鵡用品的材質選擇上，大家還是要多留意，如果有天然的麻繩製作成的用品，我個人會比較建議喔！

夜間休息指南

晚上的時間是鳥類一天中最脆弱的時候，尤其像是玄鳳鸚鵡這麼膽小的孩子，特別容易在晚上嚇到，有可能是被巨大的聲音，甚至只是光線都會影響鳥寶的睡眠。鸚鵡晚上睡覺時建議以籠布稍做覆蓋，防止一時之間環境變化太大，造成了鸚鵡衝撞籠子以致受傷，也可以利用「蓋籠子布」的方式，調整日夜時間，幫助鳥寶有足夠的休憩時間，若是幼鳥或是受傷的鸚鵡，也需要較暗的空間環境給他們安全感。

▲ 籠子頂部蓋上布，讓鸚鵡休息時更有安全感。

鸚鵡在晚上休息的時間也有一些晚間相關的鸚鵡用品可以選擇，比較常見的有「鸚鵡的樹洞」，有些是用天然的木頭鑽洞，之後裝上掛勾讓主人可以比較方便的裝設在籠子上，在台灣也有些廠商是使用竹子製作樹洞，或以稻草編織「鳥窩」，除了平時早上可以在樹洞遊戲之外，到了夜晚的時候，鸚鵡也

▲ 鸚鵡稻草窩

喜歡在樹窩裡面睡覺，左右被包圍的感覺會讓鳥寶比較有安全感。

有些飼主會習慣給鸚鵡使用鸚鵡帳篷，帳篷的材質比較柔軟，一樣可以讓鳥寶有「被包圍」的感覺，在冬天也可以達到保暖的功能。

缺點是通常鸚鵡帳篷可能會被當成玩具，晚上的時候邊玩邊啃咬，不下幾次帳篷就變得殘破不堪，跟樹洞比起來耐用度相對就比較差了一點，不過也相對的比較美觀，看著鸚鵡舒服的睡覺，有時候也是主人一天之中相當幸福的時刻！

▲ 鸚鵡帳篷

外出準備指南

　　帶著鸚鵡外出的時候，跟在室內比起來相對的比較危險，有許多的用品需要注意也需要準備。

　　首先帶鸚鵡出門會需要一個外出的籠子，外出籠的設計上為了方便攜帶體積會比較小，市場上面也有販售一些後揹的鸚鵡包包，不過後背的包包在夏天的時候空氣比較不容易流通，如果夏天帶鸚鵡出門也要慎防中暑，透明外出包儘量不要背在後面同時騎機車。

　　高溫透光的塑膠包包會悶壞鳥寶，容易造成鸚鵡不小心悶死，所以我們準備外出用品的時候，需特別留意通風的問題！

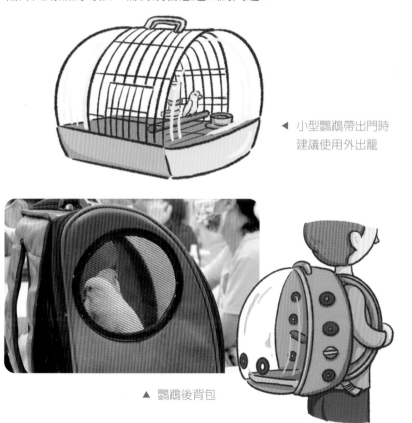

◀ 小型鸚鵡帶出門時
　建議使用外出籠

▲ 鸚鵡後背包

帶鸚鵡到了室外的空間，也請飼主務必要幫助家裡的鸚鵡掛上外出繩，我們通常會覺得「鸚鵡在家裡非常聽話，到了戶外應該也都會一直跟著我們吧？」但事實往往沒有想像中的簡單。

　　當鸚鵡遇到外在變化多端的環境，對他們來說就是在一瞬間「得到許多刺激」，甚至連「風」都有可能把鸚鵡直接吹走，尤其是當鸚鵡受到驚嚇之後，我們想要呼叫都叫不回來。寵物鳥在野外生存不太容易，若鳥寶不慎飛失，就非常有可能因此而失去愛寵，因此繩子的準備是最重要且不可或缺的外出用品！

　　外出繩子的挑選上分為「有彈性」以及「無彈性」的設計，像是傳統站台上面，通常是提供沒有彈性的鐵鍊，當鸚鵡飛行太大力時，非常有可能因為腳上的鐵鏈，而不小心「拉斷腳」！

　　所以保險起見，我們可以挑選長得像彈簧的「彈性外出繩」，而且要注意裡面有沒有包鋼絲。如果只是單純的塑膠彈性繩，對鳥來說可能就像是玩具一樣「一啃就斷」，中大型鸚鵡也不大適合，新的外出繩建議先在室內的環境試用一個月，確保他們不會自己打開鎖頭或者是咬斷外出繩子，讓鳥寶習慣使用外出繩，往後在戶外環境裝上外出繩的時候才不會一直焦躁地啃咬喔！

▲ 外出繩建議選擇有彈性的

你以為鸚鵡出門都適合用外出繩嗎？坦白說其實不是每一種的鸚鵡都適合使用外出繩，像是比較小型的虎皮鸚鵡、太平洋鸚鵡，他們的身體構造比較脆弱，有可能因為一時太大力的衝擊，導致他們的腳斷掉，所以通常小型鳥的外出還是以「待在籠子體驗外面的世界」的方式居多喔！

鸚鵡外出算是有一點危險性的活動，但這在養鸚鵡的過程中每一個鳥奴心裡一定都也會想要帶自己家的寵物出去看看外面的世界，所以外出的活動對於飼養鸚鵡的你來說，是必然會發生的，那麼我們有沒有辦法透過什麼樣的方式來讓鸚鵡在外面的時候比較不容易飛走或發生危險呢？

以長期的訓練來說，不論是飼養鸚鵡或者是其他的寵物鳥，我們都會採用一種特殊的訓練，使得寵物鳥在野外可以更加習慣各種來自四面八方的刺激，這個專有名詞叫做「減敏訓練」，減敏訓練是非常基本的鸚鵡訓練之一，我們透過「闖臉減敏訓練」讓他們不要那麼害怕人群。

關於外出的減敏訓練該如何實際進行呢？

首先，平常在家裡的時候就儘量不要讓鸚鵡自己一個待在房間或安靜的角落，建議讓鸚鵡多接觸家人或聽聽外面的聲音，當鸚鵡接近斷奶階段時，我們可以使用上述所介紹的外出籠，把鸚鵡放在其中，帶著鸚鵡到家裡的四周散步，使用此方式來讓鸚鵡在安全的情況之下接受外界的刺激，年紀越小開始這個訓練效果會更好。正所謂初生之犢不畏虎，鳥寶從小接觸外界，會習慣環境刺激都是平常生活上會見到的事。

再來，剛開始在外面見到別人帶出門的寵物（例如貓、狗），可能會感受到驚嚇，我們可以先適度地讓他們遠離，自己心裡也有個底，知道家裡的鸚鵡害怕什麼樣的東西。每一隻鸚鵡個性不太一樣，有些特別害怕紅色，有些是看到其他動物就害怕，這些害怕的東西我們也都可以在心裡記下，盡可能避免。

等到鸚鵡斷奶開始學吃之後，可以嘗試帶著他們到夜市走走，因為夜市的人潮比較多，剛開始先讓他們待在籠子裡面，多看看外面的環境，進行了數個月之後，如果觀察鸚鵡不大害怕，也可以讓鸚鵡裝上外出繩，實際的接觸外面的人事物，等到他們對於這些變化多端的環境不再過於敏感時，鸚鵡就不太容易「爆衝」，對於鸚鵡的安全能夠達到更好的穩定性！

▲ 帶鸚鵡逛夜市「闖臉」

冬季禦寒指南

鸚鵡一旦開始面對「鳥生」第一個冬天，飼主們便要特別謹慎。冬天對於體型嬌小的動物來說，我們都必須特別謹慎的看待這個季節，尤其是幼鳥到亞成鳥階段，鸚鵡的體力比較差，同時羽毛也還沒有長齊，若保暖的效果不佳且遇到寒流來襲，我們就必需準備「禦寒用品」，首先第一個最常使用到的就是「保溫燈」。

▲ 鸚鵡安全保溫燈

關於保溫燈的設計，我們使用電熱燈泡的概念為鸚鵡提供加熱的環境，在挑選上面，我們可以挑選「陶瓷燈」（不會發光的保溫燈），比較不會因為光線而打擾鸚鵡晚上休息，裝設上面也要注意，儘量裝在籠子的外面，而且在籠子的環境當中「不要完全封閉」，同時有「比較熱」跟「比

較冷」的區域，鳥寶可以自由的移動到舒服的地方。

　　考量安全，保溫燈周圍也不可以放置任何易燃燒的物品，最重要的是要注意「電線會不會被他們咬到」，若因為絕緣外皮破損造成電線走火，後續所帶來的災難將會非常的嚴重，所以一般來說我們所使用的「寵物專用保溫燈」會有線材的保護設計，靠近寵物的地方會有較硬的鐵絲包圍，對於鸚鵡來說也比較不容易發生危險喔！

夏季避暑指南

　　這幾年夏天越來越熱，也陸陸續續地發生了「鸚鵡中暑」的事件，包含了我們前面講到「在外出包裡面熱衰竭」的案例也是其一。在一般的飼養環境之下如果溫度控制不佳也是有可能讓鸚鵡中暑的，第一個我們要特別注意的就是：水份的補給。

　　在天氣比較炎熱的狀況之下，可以讓鸚鵡跟我們一起在室內的冷氣房休息，建議不要讓鳥寶在冷氣出風口之下風處；除此之外，若要度過炎熱的夏天，我們也可以提高鳥寶洗澡的頻率，加強空氣濕度或者是以使用電風扇的方式協助鳥寶降溫散熱。

　　如果鸚鵡開始出現「嘴巴張開並哈氣」，或者是翅膀微微的張開，就代表著鸚鵡真的太熱了，要靠飼主細心的照護以及觀察，才不會造成鳥寶中暑甚至失去生命的危機。

▲ 夏天的水份補給相當重要

為鸚鵡打造安全環境

請注意防止鸚鵡走失

　　我們如果想要打造一個可以讓鸚鵡安全生活的環境，除了以上講到的裝潢用品選擇「好的材質」之外，如果要真正的為鸚鵡打造安全的環境，千萬不要忘記「一定要注意防止鸚鵡走失」。鸚鵡的壽命有的長達 10 年、20 年，最後有絕大部分的鸚鵡的離開都不是因為壽命已盡，而是因為鸚鵡自己飛失了！

　　首先必須要說，大部分的飼主都太小看鸚鵡的智商了！很多鸚鵡飛失的案例都是鳥寶自己把籠子的門打開就溜出去玩了，所以我們如果想要為他們打造安全的環境，一定要記得在任何籠子的開口加上一個安全鎖，達到「雙重的防護」。

　　而且安全鎖也要注意，有些經典的鎖扣對和尚鸚鵡來說，若要解開簡直是輕而易舉，有時還會彼此合作開門，所以大家也可以使用類似「密碼鎖」或者是「鑰匙鎖頭」。鸚鵡不在我們視線範圍的時候，千萬不要小看鸚鵡的智商，鳥寶是非常有可能在任何時刻「逃家」的！

▲ 和尚鸚鵡很會開鎖

為了避免鳥寶自己打開籠子的鎖跑走，除了我們前面所提到的「安全鎖扣」之外，有些飼主也會建議大家可以使用「電話號碼的腳環」，如果鸚鵡不小心飛失的時候，「電話號碼的腳環」可以讓撿到這隻鸚鵡的人更快地、更方便的跟鸚鵡的主人聯絡。所以大家如果要避免鸚鵡飛失，生活上面的小細節也一定不要忘記了喔！

▲ 電話腳環

　　鳥寶平時在家中放風的時候，需要特別注意生活當中的門窗是否有關好？家人出入的時候也需要提醒家人「有會飛的寵物」，當鸚鵡自由自在的飛行時，家中所隱藏的危險都是飼主必須謹慎注意的地方。

　　除此之外，每當鸚鵡換籠子的時候也都是「飛走機率最高」的時候，時常發生飼主一急，不小心沒有抓好他們，鸚鵡的雙腿一踢就直接飛走了，所以建議大家「換籠」的時候，儘量到室內更換，萬一不小心飛失才不會直接不見蹤影，我們更換鳥寶的飼料盆時，也必須相當注意，此時的鸚鵡會很想要跑出籠子吃東西，就會想要試圖「鑽出來」，所以大家也不要忽略了生活上「攸關鸚鵡安全」的地方喔！

▲ 注意鸚鵡可能從飼料口鑽出去

鸚鵡該修剪羽毛嗎？

關於「鸚鵡該不該修剪飛行羽」這個議題在鳥界大家也都議論紛紛，各持立場。關於剪羽毛的好與壞，兩派飼主都各有說法。

首先支持修剪羽毛的飼主，主要是修剪鸚鵡的「六至八根初級飛行羽」，讓鸚鵡在拍動翅膀的時候比較不會飛得高、飛得太遠。在家裡飛行時，鳥寶比較可以在我們能夠控制的範圍活動，萬一真的不小心飛出去，還有機會抓得回來。

鸚鵡剪羽毛會痛嗎？

適度的修剪羽毛就像是「剪頭髮」一樣，基本上鳥寶不大會感覺到痛，只要適當的修剪最終的目的還是想要保護鸚鵡，避免起飛後遇到危險。不支持「剪羽」的飼主，主要是主張「動物的福利與權益」，飼主們認為鳥類應該要在天上飛，而且在天空飛的鳥禽類，一旦失去飛行能力後，每天的運動量便大幅下降，可能會影響到身體的健康，除此之外，雖然剪羽後的鳥類比較不容易飛走，但是當他們一離開飼主掉落地面的瞬間，萬一有其他野外的野生貓狗靠近，失去飛行能力的鸚鵡，可能就會因此命喪黃泉。

兩方的剪羽主張並沒有真正的對與錯，

▲ 修剪鸚鵡飛行羽

▲ 剪羽後的鸚鵡更害怕野生動物

只有立場觀念以及想法的不同，我們經過仔細的分析與評估自家鳥寶的狀況，以及參考獸醫師或相關學者的專業建議，再選擇是否要進行「剪羽」，同時鸚鵡每年都會更換新的羽毛，修剪過後的飛行羽，在鳥寶身體健康的情況之下，都會重新生長回來，所以大家也不需要太過於擔心喔！

寵物走失後的日子

在鸚鵡的社團當中，每天都會有數十起鸚鵡走丟的案例，不得不說，在所有的寵物裡面「鸚鵡」大概是飛失機率最高的寵物。從生態學的角度來觀察，外來進口的鸚鵡對於台灣的生態環境來說算是一種「外來種」，透過進口到了台灣本土的寵物市場做為家中的寵物鳥。因為鸚鵡長期跟人類相處，也被人類餵食習慣了。有些鸚鵡飛走後，在野外基本上會失去「自己尋找食物」的能力，在台灣的野外地區，也比較沒有鸚鵡們在中南美洲原生地的相同的食物。

所以鳥寶只要飛出去大致上會有三種走向：

第一，鳥寶可能會因為找尋不到食物而面臨「生存危機」。當「飛走後的鸚鵡」跟其他野外的鳥類爭奪食物與生存環境時，一瞬間面對「大環境的競爭」很可能找不到能夠果腹的東西，最後被大自然淘汰。有些鸚鵡到了野外不會躲雨，或找到安全的地方休息，容易在夜晚被野貓野狗叼走，或者是「被野生的猛禽獵食」，當然這都是我們非常不樂見的情況。

第二，當鸚鵡飛到野外的時候，在其他國家也有發生寵物鳥「極度適應」環境的情況。就像是台灣野外環境的外來種八哥，當初也是因

◀ 外來種八哥

為寵物鳥的市場貿易到了台灣，但是因為「不當的放生」，又或者是不小心從家中逃逸，來到野外適應環境後，快速增長的數量大幅影響了本土物種的生存空間，這對於各地生態來說也都是強烈的衝擊。

第三，運氣好一些的鸚鵡，可能會隨著「聲音」或者是「跟人相處的習慣」，飛到附近任何「有養鸚鵡的人家中」，甚至直接在路上親近人，試圖得到關注也得到一個安身立命之所。這些鸚鵡將會是最幸運的，不只是活了下來，鳥寶將會有更高的機率回到原主人的身邊。那麼身為鳥飼主的我們，萬一家裡的寵物鳥不小心飛走了，該如何以正確的步驟找到自己家的鸚鵡呢？

寵物鳥走失該怎麼辦？

如果寵物鳥不小心飛走應該要怎麼辦呢？

首先第一步就是「把握黃金找回時期」。剛飛走的寵物鳥一定是在家裡附近且不會飛得太遠，我們可以仔細聆聽附近是否有寵物的叫聲，如果發現沒有反應的話，可以播放鸚鵡的叫聲吸引鳥寶的注意，同時，如果家裡有鳥寶的玩伴，可以一起帶出去讓鳥寶之間互相取得聲音聯繫。如果只有養一隻寵物鳥的話，可以使用幼年時期所使用的「配方奶湯匙」還有「不鏽鋼杯」，去做「敲擊與試圖餵食的動作」來吸引寵物鳥靠近，藉此做到「穩定鸚鵡的飛行範圍」的目的。

◀ 鳥如果飛走可盡快拿食物誘捕

開始看見鳥寶穩定回到可看見的飛行範圍後，目光千萬不要轉移，剛飛走的寵物鳥一看到外面的天空還有變化多端的環境，非常有可能再度起飛，如果鳥寶有發生起飛的狀況，我們才能夠快速跟著鳥寶。等到看見寵物鳥被我們所製造的聲音吸引，還有我們呼叫他們的名字時都有反應，可以趕快拿食物做誘捕，看能不能夠讓寵物鳥靠近到我們的

▲ 以餵食動作吸引鳥寶注意

身邊。不過大部分的鸚鵡不習慣野外的飛行狀態，所以有時候停到大樓的陽台會不敢起飛靠近人，我們可以去詢問社區管理員，是否可以在人員的陪同之下，讓我們上樓誘捕寵物鳥。

當我們跟鸚鵡在 5 公尺以內的範圍時，動作千萬要「慢且輕」，不要太過於緊張而再度讓鸚鵡受到驚嚇而飛走，可能就要再重新繞一大圈了。在黃金時間找回家中鸚鵡的機率是最高的喔！但是如果鸚鵡一飛出去就完全無聲無息，我們應該要怎麼辦呢？

鸚鵡如果真的飛出去之後我們就再也沒有聽到他們的聲音，怎麼呼喊都沒有得到任何聲音反應的話，接下來我們就要開始製作協尋的資料，並且將資料張貼於社區附近以及網路上公告，不過在這個時候很多人此時過於緊張，而不小心遺漏了一些重要的資訊，導致無法辨認鸚鵡的身分，所以接下來的三個重點大家也不要忽略了喔！

1. 在網路上「不要完全公布」腳環的號碼

鸚鵡腳上腳環的號碼是我們確認他們身分的方式，我們可以在協尋的資料當中去描述鳥寶的外觀特徵，（例如：腳環是什麼顏色的？身上的羽

毛是什麼顏色？腳環的開頭第一個文字是什麼數字或英文字母？）還有清楚寫下「飛走的時間、地點」，請住在附近的居民朋友可以幫忙多多注意。

2. 使用多種方式傳播協尋資訊

例如，社區的公告欄張貼協尋的文宣，或者是到學校機構詢問是否有看見或者是撿到寵物鳥，也可以到警政單位備案，有些人撿到也會拿到警察局。在網路上的宣傳也要記得，像是「社區型的臉書社團」，還有各個大大小小的協尋鸚鵡社團，（例如小小鳥兒要回家公開協尋社團、鳥兒協尋中心等），儘量多多轉發或者是請朋友幫忙多多注意是否有看到相似特徵的寵物鳥？以上這些方式都可以幫助我們快速的傳播相關的資訊。

3. 一定要記得標注「如果大家撿到了這隻鳥要如何跟你聯絡？」

像是電話還有「臉書帳號的陌生訊息」也不要不小心忽略了，不過也要小心，人在最脆弱的時候往往都會無法判斷真相，有些不肖之徒會利用寵物鳥飛走的相關資訊進行詐騙，我們確認鸚鵡身分和看到鸚鵡之前，都不要輕易地轉帳給其他帳戶，或者是到 ATM 操作，有時候不肖之徒都是利用「脆弱的心理」，因為我們有提供相關的特徵，詐騙者會告訴飼主有抓到類似的鸚鵡，請飼主進行相關的匯款動作，大家也千萬不要不小心上當了喔！

玩具對鸚鵡的重要性

為什麼鸚鵡要玩玩具？

在以前許多傳統的養鳥觀念裡面，通常都是認為「養鸚鵡只要提供給他們乾淨的水源，以及充足的食物」對鳥寶來說就足夠了，因此往往會忽略提供寵物鳥玩具的重要性，但是鸚鵡為什麼會需要玩具呢？有些人也會質疑「鸚鵡在野外也沒有這些玩具可以玩都活得好好的」。但必須說，野外的環境以及寵物鳥的飼養狀況是完全不同的。

▲ 鳥寶需要充足豐富的啃咬玩具。

如果在籠子當中的環境，因為缺少了野外環境當中所受到的刺激以及變化，鸚鵡不再需要花一整天的時間來尋找食物，鳥寶容易感覺到無聊以及生活的乏味感，長期可能會引發憂鬱甚至咬毛的行為異常變化，所以在近幾年的鸚鵡飼養觀念裡，大家都會推崇給「充足且多樣化」的玩具。

玩具該怎麼選擇？

對於每個養鳥人來說，鸚鵡的玩具將會是必須購入的日用品之一，選擇正確的玩具，可以豐富鸚鵡的日常生活，不過如果選錯玩具，也是有可能讓鸚鵡發生危險。

玩具也有分成幾種，前面提及的鳥籠內部裝潢也屬於一種很常見的鸚鵡玩具，有些人喜歡幫鸚鵡購入小片的松木板或吊床，研磨過後的木頭安裝在內部空間會使增加鸚鵡生活的豐富程度，鳥寶在空閒的時間可以爬上爬下，當作是在叢林探險一般，豐富他們一整天的生活。

▲ 鸚鵡喜歡破壞玩具的快感

　　啃咬型的玩具也是很常見的玩具之一，通常使用多種原木材質搭配著鈴鐺配件，以吊掛式方式掛在籠子的天花板上，這種類型的啃咬型玩具主要的目的是可以讓他們「發洩」多餘的精力，原木的材質在鸚鵡啃咬的同時，可享受「撕裂的快感與破壞的刺激」（像是貓咪的貓抓板的概念）。

　　使用天然的蘋果樹枝做成的玩具，大中小型的鸚鵡都很喜歡，蘋果樹材質較為堅硬，耐用度比較高，做成這樣的玩具也是大受鳥寶歡迎！大家也可以動手自己做做看，使用天然的木頭進行鑽孔，以麻繩串起，搭配著掛勾以及鈴鐺，都會成為獨一無二的有趣啃咬玩具喔！

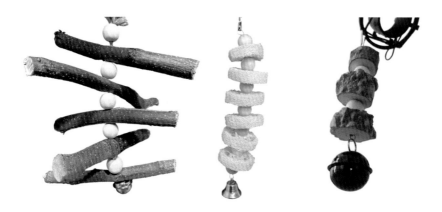

▲ 可以試著自己動手做啃咬玩具

另外，也有一種「覓食玩具」！很多台灣的動物園或農場，都經常提供覓食玩具給動物，把食物零食塞到玩具的縫隙中，模擬鳥類在野外求生時「需要自己找食物」的行為，玩玩具的同時有些許的獎勵，這對鳥類來說是非常有吸引力的！「核桃啃咬玩具」也是一種很天然的玩具，將天然的果實以安全的繩子串起，加上墨魚骨所製作成的玩具，可以玩也可以吃，甚至還可以補充營養，大幅的增加了一個玩具的檔次，通常鸚鵡都會愛不釋手喔！

▲ 核桃啃咬玩具

判斷玩具的斷捨離

　　玩具對於鸚鵡來說算是「暫時性」的必要用品，我們也要適時地做斷捨離！有時金屬的部分比較容易因為潮濕而生鏽，使用食物做成的玩具，也會因為保存期限以及天氣的變化不再那麼新鮮，所以在判斷「玩具的斷捨離」也會有一些相關建議。

　　首先食物類的玩具「不建議放超過兩個月」，即便我們所採用的果實或者是材料都是清洗乾淨而且完全乾燥，因為鸚鵡可能會吃下這些果實，所以我們還是把他們的健康當作為第一個考量的要素！

　　接下來危險的玩具千萬要注意，例如繩子類的玩具，如果我們有發現開叉或者是有棉絮跑出來，

▼ 開叉的棉繩應移除

也都要立刻幫他們做修剪或者是移除，因爲少量的棉絮有可能會在他們玩玩具的過程當中不小心吃下肚，長期的在嗉囊當中累積，是非常有可能造成生命危險的。

如果有危險的掛勾，像是有些常見的鐵鉤，都發生過幾起「鸚鵡嘴喙被整個卡住」的案例，所以我們可以自己調整成安全的配件，提升鸚鵡玩具的安全性，如果有塑膠環的玩具配件也要當心注意，不要讓鸚鵡整個頭被卡住後，要處理的話就難上加難了，甚至有非常大的機率會影響到性命安全。

我們給鸚鵡提供籠子裡面的配件，雖然是豐富化他們的生活，但是只要一不注意他都有可能會成爲一個潛在的風險（像是生鏽的地方），如果沒有移除的話鸚鵡也都有可能會發生「重金屬中毒的危險」，所以大家千萬要注意，除了適時地更換更新籠子裡面的玩具，也要注意用品的保養以及替換斷捨離，才可以將養鸚鵡的生活過得快樂又安全喔！

Chapter **4**

健康與飲食的重要性

鸚鵡的健康跟他們的飲食息息相關，飲食也是在養鳥當中非常重要的一環，從古至今的養鳥概念裡頭，也漸漸從「單一種類」的餵食習慣轉變成為「多種豐富」的日常飲食，有時候鸚鵡的食物就像是一道料理，除了營養均衡之外，食物本身的外觀以及香味也會影響著鸚鵡願不願意吃這項食物，接下來這一個章節我們就把重點放在「飲食」，好好討論這個最重要的議題吧！

▲ 均衡豐富的鸚鵡日常飲食

日常飲食內容

　　鸚鵡的日常食物主要有哪些種類呢？通常他們的食物我會分成五個大類別，分別是：蔬菜、水果、穀物、滋養丸、堅果，除此之外水份也相當重要。

　　我們市面上常見的飼料主要是以穀物為主，除此之外維生素、纖維質、礦物質也相當重要，在飼料當中常見的種子有哪一些種類呢？

葵瓜子

　　首先第一個就是大家耳熟能詳的葵瓜子了！

　　鸚鵡跟「瓜子」時常被放在一起討論，在我們的生活當中，葵瓜子算是很常見的食物種類，葵瓜子本身是向日葵的種子，相關資料顯示葵瓜子當中含有相當豐富的不飽和脂肪酸，也擁有豐富的維生素 E，對於生物體精神的安定也都有效果。不過市售的瓜子並不適合鸚鵡食用，因為商店販賣的瓜子通常都是過度加工，對鳥類的腎臟都會有過多的負擔，所以大家也要特別注意！

　　葵瓜子算是熱量很高的食物，尤其是中小型的鸚鵡要特別注意「不可攝取過量」，葵瓜子也可以當作獎勵的用途，在冬天需要補充較多熱量時，更可以善用葵瓜子「高熱量」的特性，給家裡的鸚鵡補充更多的熱量來度過寒冷的冬天！

紅奇米

　　第二個比較常見的種子是紅奇米，在許多中小型的鸚鵡飼料當中都很常見，外表呈現紅色的，也有人稱他們為「大米」，有分為「帶殼」以及「去殼」的。去殼穀物的優點是「清理上較為方便」，不過比較容易因為環境溫、濕度改變而變質，帶殼大米則比較可以保留「最原始」的食物狀態，但是清理上掉落的種子外殼，可能就會使得環境較為髒亂一些，大家可以稍微衡量一下喔！

小米

▲▶ 小米穗

　　第三個是小米，在零食當中有一個非常有名的零食叫做「小米穗」，這是屬於小米的最原始的狀態，也是原形的食物，置放於籠子裡頭可以讓鳥兒體驗「啄食的快感」以及足夠的樂趣，有時商家也會將小米取下後去殼，就變成我們熟知的小米仁了！

　　小米的營養更是廣為人知，每 100 公克的小米當中含有 9.7 公克的蛋白質，以及 76 公克的碳水化合物，更重要的是維生素 B2、維生素 E、維生素 C 以及其他的礦物質包含鈣、鐵、磷、鉀都非常豐富，除此之外也能

▲ 小米仁

夠在小米當中攝取一般的食物比較少會出現的營養「胡蘿蔔素」，小米擁有相當豐富的營養以及良好的適口性，這也是為什麼現在的飼料當中，大多會加入小米這種天然的食物！

薏仁

▲ 去殼薏仁　▶ 帶殼薏仁

　　第四個是薏仁，在中大型的鸚鵡飼料當中有時候會出現「帶殼的薏仁」，長相有點像「洋蔥」，很多人剛開始看到的時候都不知道這個是什麼食物，後來撥開之後，才知道原來這就是薏仁原本的樣子，薏仁的營養也相當豐富，薏仁不只是我們的生活當中非常容易發現的種子穀物，同時也是鳥主人相當喜歡給鳥寶吃的食物種類之一。薏仁一樣擁有豐富的維生素及礦物質，而且跟其他的穀物糧食比起來擁有比較高的蛋白質，在生物體當中可以達到較佳的「水份代謝作用」，如果大家想要幫家裡的鸚鵡增加免疫力或許也可以給予薏仁這項食物喔！

　　薏仁的種類有很多，包括小薏仁紅薏仁等等，也常被製作成零食，這更是深受鸚鵡喜愛，如果家裡的鸚鵡有點挑食的話，也歡迎大家不妨可以用薏仁爆米花零食來吸引他們喔！

▲ 薏仁爆米花

 燕麥

　　第五個是燕麥，燕麥對於人類的生活相當重要，也是人類的主食之一，我們常看到便利商店說販賣的「燕麥片」也都是燕麥的加工製品，因爲這種食物擁有高營養價值，所以不只是人很喜歡吃，許多動物的飼料當中也都會使用燕麥作爲主要的原料。全世界燕麥產量最多的國家是俄羅斯，占全世界生產量的 23%，燕麥這種食物根據研究，能夠使膽固醇下降，所以一直被認爲是相當健康的種子，除此之外燕麥還是唯一含有類似「球蛋白」的蛋白質，也就是我們在說的「燕麥球蛋白」，這對於生物體來說都是很有幫助的！

　　不過燕麥當中含有少量的「植酸」，如果攝取過量也有可能會影響到鐵質、鈣質的吸收，任何食物都一樣千萬不能攝取過量喔！

▲ 無殼蕎麥

▶ 帶殼蕎麥

 蕎麥

　　第六個是蕎麥，蕎麥對於生物體的好處相當多，也一直被認爲是很養生的食物，因爲蕎麥種子含有相當豐富的膳食纖維以及很多身體在代謝時不可或缺的營養素。其中的「鉀」含量很高，也可以幫助生物體穩定血壓，對於鳥類來說也是很有幫助的食物，蕎麥當中含有高達 8% 的纖維質，也

比其他的穀物含有更多的可溶性纖維，可以促進生物體腸道的蠕動，所以也常被用於鸚鵡的飼料喔！

◀ 蕎麥爆米花

紅扁豆

第七個是紅扁豆，雖然紅扁豆在台灣不是很有名，但是在中東卻是相當重要的穀物喔！在歐洲和美國等西方的國家也都很重視這項食材！紅扁豆的維生素 A 含量還有蛋白質含量都備受重視，根據資料顯示紅扁豆的蛋白質含量跟一般肉類的蛋白質含量相當，但脂肪卻較低，在膳食纖維及礦物質的表現也很好，如果在家是飼養中小型的鸚鵡，也會很適合攝取紅扁豆，是非常具有營養價值的穀物之一！

無殼南瓜子

南瓜子

第八個是南瓜子，南瓜種子當中含有非常豐富的亞油酸，相關研究也指出「亞油酸」這種物質可以幫助生物體降低膽固醇，但一樣不能攝取過多，過量都會造成反效果。南瓜子當中的胡蘿蔔素也是具有抗氧化的效果，

可以幫助生物體對抗外來疾病的入侵，也可以提升免疫力。擁有綠色的外表圓形的輪廓，在全球世界各地都有栽種，其中，中國是產量最高的國家，每年可以產出730萬噸的南瓜子。

▲ 中國的南瓜子產量最高

核桃

第九個是核桃，核桃是屬於很常見的堅果之一，也是適口性很好的食物種類，不管是小型、中型、大型的鸚鵡都很喜歡。帶殼的核桃也常被製作成玩具，而核桃的果實更含有豐富的營養，包括了前面所提及的「維生素」在核桃上含量也很豐富。除此之外核桃還擁有葉黃素以及玉米黃質，與65%的脂肪以及15%的蛋白質。

如果適當食用核桃，帶來的好處非常多。不過因為核桃屬於「高油脂」的食物，跟葵瓜子一樣如果攝取過量也是有可能造成脂肪過剩的問題喔！

▶ 乾辣椒

　　第十個是辣椒，難道鸚鵡不會怕辣嗎？其實在鸚鵡的世界裡，辣就像一種「味道」，鳥寶並不會覺得「刺痛」的感覺，所以很多人看到鸚鵡吃辣椒吃的津津有味都會嚇了一大跳！

　　不過辣椒真的是在鸚鵡的食物當中相當容易出現而且也很重要的一種食材，我們也可以在飼料當中看見「乾辣椒」，因為辣椒當中含有很多「抗氧化」的物質，對生物來說可說是好處多多！

　　或許，很多人都會質疑「辣椒吃太多會不會傷胃？」但後來覺得許多的實驗結果證明，人類之所以會覺得辣椒吃起來不舒服，因為人類的大腦會將「辣覺以及痛覺」的感受合而為一，但在鸚鵡的世界裡並不會這樣喔！大家不需要擔心，放心的給鸚鵡吃一點點正常的辣椒吧！

▲ 鸚鵡愛吃辣椒

推薦的食物

鳳梨

　　接下來我就要推薦一些鸚鵡日常可以補充的食物，首先第一個我最推薦台灣在地的「鳳梨乾」，鳳梨在營養上面的表現相當耀眼，也是台灣本土就有種植的水果種類之一。

　　鳳梨當中富含非常豐富的維生素 B 群以及礦物質等重要的營養元素，鳳梨當中所富含的酵素更能夠促進腸胃道的消化，將富含豐富營養的水果以低溫烘焙的方式將其乾燥，除了更好保存之外，也能夠將風味完整的保留在食物本身，相當適合平常比較沒有時間準備新鮮水果給鸚鵡吃的上班族，在飼料當中添加鳳梨乾，就能夠讓鸚鵡天天都可以攝取到營養的水果，鳳梨乾也是適口性很好的食物種類之一喔！

▲ 鳳梨乾

地瓜乾

再來是地瓜乾，地瓜本身具有天然的香氣，乾燥過還是能夠保有自然的滋味，其中大量的膳食纖維能夠降低膽固醇。地瓜乾可以整片給予或者是將其「撕碎或剪碎」，比較小片的食物在給食的時候比較不容易造成浪費的狀況。中小型的鸚鵡也都很喜歡地瓜，大家如果有去超市，也可以購買天然的地瓜，蒸熟之後提供給家裡的鸚鵡，更能夠幫助家裡的鸚鵡補充均衡的營養喔！除此之外地瓜葉也是很不錯的食物，新鮮的地瓜葉給予鸚鵡啃咬的刺激感，新鮮食物的養份更是比加工後的食物來得完整，也是我們家的鸚鵡很喜歡的鮮食種類！

▼ 南瓜乾

南瓜

南瓜是屬於葫蘆科的植物，在台灣也有很多農民種植，每年的 3 月到 10 月都是南瓜的盛產季節，這種味道甘甜的食物也可以增加生物體的食慾。南瓜當中含有的稀有元素可以幫助生物體胰島素分泌，更可以幫助生物加強葡萄糖代謝的功能，而且整顆南瓜都可以給鸚鵡吃，包括了南瓜的皮，南瓜的果肉，南瓜的種子，這些都是相當適合的食物，大家如果假日有空閒的時間，也可以嘗試給鸚鵡吃吃看南瓜，不只營養加分，也可以多多培養飼主跟家裡鳥寶的感情喔！

玉米

　　家裡的鸚鵡如果不太喜歡吃蔬菜水果的話，我會推薦大家可以嘗試餵食「玉米」，玉米算是鸚鵡接受度很高的食物，取得也容易，重點是這種食物本身帶甜，不論是有沒有水煮，都仍然可以保有香甜的味道，愛情鳥也很喜歡，灰鸚鵡也常常吃的滿嘴。

　　玉米當中的營養也相當豐富，營養密度更是白飯的六倍，現在有些人甚至也吃玉米替代白飯，攝取大量的膳食纖維對身體很有好處喔！這種食物也被稱作為全穀類之王，不過給鸚鵡吃之前可以考慮購買「有機玉米」，也要記得清洗乾淨，免得農藥殘留被鸚鵡吃到，反而會造成反效果哦！鸚鵡的飲食當中，盡量多元化，每一種食物都有其豐富的營養，可以提供生物體維持生命足夠的養份，均衡的飲食也能夠提供他們生長出更加亮麗的羽毛，越健康的鸚鵡看起來也會越有精神喔！提升免疫力更可以降低感冒的機率，想要讓自己家裡的鳥寶頭好壯壯的嗎？每天最重要的日常飲食千萬不要忽略了喔！

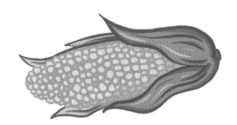

鸚鵡絕不能碰的食物

有些食物鸚鵡可以吃，可以幫助鸚鵡攝取更多均衡的營養，但是有些食物鸚鵡吃了可是會致命的，這對於每一個鳥主人來說都很重要，以免不小心讓鸚鵡喪失珍貴的小生命。

辛香料

首先鸚鵡沒有辦法吃「洋蔥、青蒜、蒜頭」這些我們平常爆香用的調味料，除此之外任何含有牛奶的食物鸚鵡都不能吃，因為奶製品當中所含的乳糖沒有辦法被鳥類消化，如果不小心吃到一點雖然不至於馬上喪失生命，但是毒素在身體內累積都會帶來不好的影響。

我們給予鸚鵡蔬菜水果的時候要特別注意，許多飼養鳥類專家都是不建議主人們給家裡的寵物餵食到任何蘋果籽，「今日醫學新聞（美國醫學新知網站）」提到蘋果籽會釋放少量氰化物，同時氰化物是具有毒性的，鳥在吃飯時會把食物整個都先咬碎再吞嚥，這時就有可能吃到蘋果籽讓當中的毒物釋放，體型嬌小的寵物遇上毒物，就很有致命的風險，因此如果要餵食水果給鸚鵡的時候，最好的方式是去除外皮跟籽。

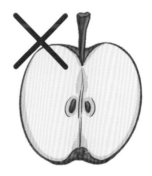

蘋果籽

另外補充，酪梨也不可以給鸚鵡吃，鳥類對於酪梨內的特殊物質比人類還要敏感（包含酪梨的樹葉還有果實），同時這也是一種脂溶性的殺菌劑，對人體雖然無害但是對鳥類來說非常有可能會造成他們呼吸困難甚至死亡，很多小型的鸚鵡有吃酪梨之後死亡的紀錄（包含兔子），小動物吃酪梨可能會導致他們心律異常，所以並不是任何水果都可以給鸚鵡吃喔！

給蔬菜的時候可以先用熱水燙過，稍微消毒殺菌，豆類的食物也一定要煮熟，且不新鮮的花生也容易含有黃麴毒素，黃麴毒素屬於真菌毒素，這是一種具有肝毒性且致癌性的物質，有可能在食用大量黃麴毒素的食物之後出現急性肝中毒、嘔吐甚至昏迷致命等嚴重的狀況，這些都要特別注意！

素食主義的人常吃的「菇類」食物，對鸚鵡來說也不見得適合，因為許多菇類含有一些會造成腸胃不適、腹瀉、嘔吐的毒素，而且當鸚鵡吃下這些毒素會快速的產生反應，更會影響自主神經系統，鸚鵡的體內並沒有可以分解這些食物的酵素，所以大家在養鸚鵡之前也必須先知道有什麼食物是鸚鵡不能吃的喔！

▲ 鸚鵡不能吃菇類會中毒

最後，有些比較廣為人知的「飲食禁忌」也幫大家複習一下，像是包含咖啡因或者是酒精的加工食品，或者是任何含碳酸的飲料，甚至連茶葉都不可以讓鸚鵡喝，這些含有酒精或咖啡因的食品，不只有可能會造成鸚鵡神經亢奮，更高的機率是造成鸚鵡神經中毒死亡，過多調味的洋芋片、糖果，對於鸚鵡來說也都是有比較大的負擔，嬌小的身體是非常脆弱的，大家也別拿鸚鵡的生命作實驗了喔！

茶葉

冰淇淋蘇打（氣泡飲料）

幼鳥、成鳥飲食大不同

	幼鳥	成鳥
主食	配方奶（奶：水＝1：3)、水	穀物、堅果、滋養丸、蔬果、水
副食品點心	地瓜泥、南瓜泥、無殼小米、木瓜泥	小米穗、無調味爆米花、穀物棒、果乾
種子飼料滋養丸	可提供無殼穀物，或將滋養丸磨粉加入配方奶	可提供有殼穀物調配滋養丸直接啃食
營養品	可依照指示加入配方奶餵食	可加入乾飼料或鮮食補充

幼鳥、成鳥食慾不振的原因

1. 溫度過低

幼鳥時期最容易造成鸚鵡「食慾不振」的原因就是：泡奶溫度太低。

理想的泡奶溫度是 35°C ～ 40°C，如果低於 30°C，我們很容易觀察到幼鳥厭食甚至吐奶，確定配方奶的溫度後，要注意餵食角度與姿勢是否可以讓鸚鵡流暢的進食。

貼心小提醒

泡奶不要使用 60°C 以上的熱水，容易破壞奶粉當中的優質酵素。

---

2. 進入斷奶期

到了 2 ～ 3 個月後的鸚鵡會開始進入厭奶期，同時對世界上的其他事物都會變得更加好奇，眼睛開始看東看西，出來玩的時候會想要東啃西咬，這就代表著離「斷奶」不遠了，可以開始漸漸縮小餵食量，並在環境當中提供一些副食品以及滋養丸，除了可以額外補充營養之外，對於鸚鵡的咀嚼能力也有幫助。

成鳥

1. 天氣熱

天氣熱的時候會降低鳥類的食慾，建議飼主可將家中寵物移至陰涼處，或是加裝電扇，重點是加強環境中通風度，幫助鳥類散熱，過熱的環境會使得鳥類食慾不佳，攝取食物量減少，嚴重一點也可能導致熱衰竭，這在成鳥也容易發生，需特別注意！

2. 生病

生病的徵兆除了精神不濟，在體重上也會減輕，除了腸胃道的問題可能導致吸收不良之外，食慾下降的鸚鵡體重會快速銳減，生病時的食慾明顯下降；每日給予食物應仔細觀察並記錄其飲食狀況，並且調整環境舒適程度，若觀察到寵物有任何生病徵兆，盡速把握黃金期，帶鳥兒到動物醫院就醫，給予最妥善的治療喔！

3. 其他

有時鸚鵡也會因為情緒性的原因，例如環境的壓迫感，而讓鸚鵡有食慾下降的狀況，我們應該要注意環境當中是否有天敵出現，例如貓狗，有時相處不良的寵物之間，也可能會互相感受到壓力，除此之外，家人與鳥的相處關係，有時小到說話的音量，都可能因為驚嚇到鸚鵡會讓他們吃不下東西，所以這些生活上的小細節都可以多加注意喔！

▶ 留意家中貓狗是否讓鳥寶有壓迫感

鸚鵡健康食譜（鮮食主義）

鸚鵡的健康鮮食主義在這幾年越來越流行了，從以前單純乾飼料的穀物飼養，到現在都開始以新鮮的食物作爲鳥類的飼養主食，因爲許多研究以及專家都建議「給予鳥類更天然的飲食，可以攝取更加豐富且均衡多元又不受破壞的營養素」，每日多種類的食材，例如花朵、水果、五穀根莖類食物、綠色青菜等多種新鮮食物我們都會稱之爲「鮮食」。

鮮食可提供鸚鵡生活當中的味覺豐富度，也可以讓他們練習覓食行爲。因爲在野外的鸚鵡需要花一整天的時間去尋找食物，被人類長期飼養的寵物鳥，有時食物的準備上都過於簡單，再加上較爲封閉的生活環境，衣食無虞之後，可能導致他們行爲上面出現奇怪的狀況，有些鸚鵡吃飽喝足之後，會因爲無聊而開始啃咬羽毛，鮮食的餵食對於咬毛的鸚鵡來說非常有幫助，他們可以用手拿取食物，也可以每天吃到味道完全不同的種類，視覺味覺上都有了更多變化以及刺激，也將這個方式推薦給任何想要養鸚鵡的人喔！

在水果方面，例如葡萄就是鸚鵡很喜歡嘗試的水果之一，綠色的青菜像是地瓜葉、小白菜也可以提供給鸚鵡做生食使用，豆科的植物要注意煮熟之後才可以給予，水果類的話儘量去除外皮以及種子，

▲ 野外的鸚鵡會花一整天找尋食物

除了特別禁忌不可餵食的水果，也要儘量避免蔬菜量少於水果，因爲現在市面上的水果很多都經過基因改造讓水果更加鮮甜，爲了避免他們攝取過多的糖份，也要相當注意水果的攝取。

在鮮食當中，也可以添加一些營養的補充品，補充其他營養粉混在食物上給鸚鵡吃，比起直接給予會對鸚鵡來說更具吸引力，鳥寶一天當中所攝取的營養也會更加全面喔！

給了鮮食之後，晚上睡覺之前或者是下午的時段，也都還是可以給予日常的堅果與種子，堅果類以及種子類的油脂成份較高，當夜晚氣溫較低時，讓鳥寶吃飽一些也可以達到禦寒效果，一起養出快樂健康又強壯的孩子吧！

▼ 新鮮小米穗是很受鸚鵡歡迎的食物

▶ 快樂健康又強壯
的鳥寶

貼心小提醒

　　除了鮮食主義，獸醫從學術觀點提出：飲食上建議以滋養丸佔 75% 的綜合多元食物給予，會最符合鸚鵡營養所需，比較少吃滋養丸的寵物鳥通常會有維生素 A 缺乏的問題，嚴重的話更是容易引起一系列的疾病。

鸚鵡營養品

在人類的生活當中，時常在冬季或者是人體較為虛弱的時候會吃一些較為「進補」的食材讓身體得到更多營養、調整體質，那麼在鸚鵡的飼養當中，是否也有一些藥品之外的營養品能夠給鳥類補充呢？許多飼主也都想要讓家裡的鸚鵡吃好一點的東西「補補身體」，或者是當鸚鵡生病甚至發生意外，身體較為虛弱的時候，很多人都會想方設法地給鸚鵡吃一些更好一點的東西，讓鳥寶補充更全面的營養。不過在市面上的營養品非常多種，有哪些是適合鸚鵡使用的？又有哪些可以給幼鳥吃呢？

鸚鵡奶粉

首先其實我們在幼鳥時期給鸚鵡吃的鸚鵡奶粉，就算是一種非常容易被討論的鸚鵡營養品，可以當作鸚鵡的主食，也是市面上很常見的一種鸚鵡食物。主要的成份是將蔬果濃縮，並添加穀物以及非常多種的維生素、氨基酸、乳酸菌、礦物質以及各種酵素來幫助營養的吸收，也可以讓幼鳥抵抗病毒，不論是在幼鳥或者是亞成鳥都算是還蠻適合補充營養的食物之一！

▲ 鸚鵡奶粉是非常容易見到的營養品

墨魚骨鈣粉

第二個大家比較常討論到的是墨魚骨鈣粉，鈣粉在很多鴿子的飼養上面，也是很常使用到的一種營養補充品，許多飼主也曾經分享鈣粉對於骨骼的發育也都有一定程度的幫助，墨魚骨當中具有高比例的鈣離子，相關資料顯示墨魚骨粉對羽毛發展也很不錯！成份當中通常包含鈷、鐵、鋅、鉀以及鈣質、磷還

▲ 墨魚骨鈣粉

有其他的礦物質，並且使用清水清洗過後，再經過嚴格的殺菌還有包裝才會出現在大家眼前，不過有些分享則是指出墨魚骨是由透抽分泌出來的碳酸鈣組成，營養「吸收率」有限，但墨魚骨還是屬於天然的食物，「養鸚鵡界」還是很多人會給家裡的鸚鵡墨魚骨鈣粉，當作補鈣的食品喔！

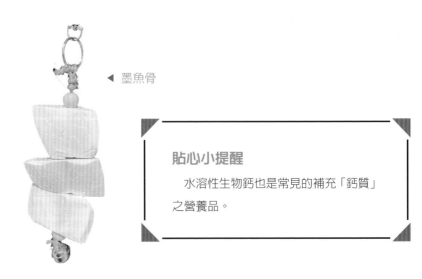

◀ 墨魚骨

貼心小提醒

水溶性生物鈣也是常見的補充「鈣質」之營養品。

鳥類加護粉

第三種是非常適合鳥類在生病還有受傷時，或者帶出門急迫的時候，提供營養的一種食物粉劑「鳥類加護粉」。成份主要是使用穀物以及天然的有機酸碳酸鈣，還有多種的益生菌以及消化酵素，其中維生素以及礦物質的含量也都相當充足，所以就連許多獸醫師也都很推薦鳥類加護粉給幼鳥使用。鳥類加護粉提供更好的消化表現，也讓很多在獸醫院受傷的鸚鵡得到更完整的營養，特殊的生產技術也讓這類產品被很多動物園肯定，每一次的使用量約為體重的 3% ～ 4%，是現在蠻多台灣的鳥園推薦的營養補充品，非常適合鸚鵡使用喔！

▲ 鳥類加護粉

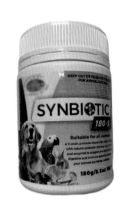

益生菌

　　第四種是非常容易被討論到的一項營養品，那就是「益生菌」。益生菌在我們的日常生活當中也容易見到，對於生物體腸道消化道的狀況也都可以做更好的調整，在很多動物受傷的時候許多專家也會建議提高「益生菌」劑量。

　　很多養中大型鸚鵡的鳥友也會習慣補充這項食物，加強消化讓鳥寶的吸收狀況更好，不過任何營養補充品都是一樣，一定要記得參照使用方式方法以及用量來提供給愛寵，遇到特殊的狀況也要洽詢專業的獸醫師，才可以給他們最適合的營養補充喔！

　　有些特殊的營養素在平常飲食不容易提供，吸收的程度也有限。營養品的功能就是將這些多元豐富的營養經過嚴格的製作過程之後，濃縮在一點點的粉狀或者是液態狀的食品當中，讓寵物更容易補充以及吸收，國外進口的品牌營養品也都是經過嚴格的開發審核，並有專業獸醫師推薦，所以我認為這種營養品會比較適合提供給家裡的鸚鵡，我們也會使用得比較安心！

　　同時也是因為製作成本較高，通常營養品的單價會比較高，不過我認為當家中的鳥寶遇到一些狀況的時候，能夠有一些補充體力的營養品，對於飼主來說是一種緊急措施，也是幫助鸚鵡恢復體力的好方法喔！如果大家有任何醫學上面的需求，記得都要詢問專業的獸醫師喔！

◀ 陸龜也常使用益生菌

Chapter **5**

鸚鵡的
行為語言

世界上的動物千奇百怪，各自歷經了數千萬年的演變，動物雖然不會說話，可是擁有非常多讓你意想不到的「詭異」行為，這些行為溝通的統計學就成為了「動物行為學」！

我們可以透過動物行為學的觀察，從鸚鵡日常生活當中的小細節推估鳥寶心情與狀況，有些人說這是「鸚鵡的心理學」！

▲ 鸚鵡心理學

 # 鸚鵡說我愛你的表現

當寵物鳥與主人感情越來越進步之後，在生活當中我們就可以觀察到一些小細節是在表現鸚鵡對我們的善意，首先他們最常對我們做的事情，其實就是大家耳熟能詳的說話行為！

鸚鵡之所以會喜歡學人類說話，大部分是因為想要博取人類的注意，同時因為他們有著靈活的舌頭以及強大的共鳴腔，能夠發出跟人頻率相近的聲音，鸚鵡跟其他鳥類相處的時候，同樣也會發出模仿的行為，不只是聲音上的模仿，有時候我們也會觀察到鸚鵡會喜歡模仿人類的動作，有時候都是為了想要跟人更加親近而把自己當作是人一樣，表達一種他們對我們的喜歡喔！

除了模仿人類的聲音以及行為之外，當鳥寶想要表達善意的時候，也會想要把自己的食物吐給主人吃，這就是 83 頁我們提過的鸚鵡特殊「吐料」行為。

在此同時鳥寶也會想要人類給予反饋，像是當寵物鳥在跟我們撒嬌的時侯，我們可以嘗試輕輕的撫摸鳥寶的頭。當鸚鵡真正信任那個人的時候，有可能會把背部躺在人的手掌心，後背是生物在大自然中最容易發生危險的地方，如果家裡的寵物鳥真的願意把自己的生命交在你的手上，甚至還願意在你的身上睡著，這個行為就顯示了足夠的放鬆，還有對人的信任，代表他是真的愛你喔！

▲ 太平洋鸚鵡撒嬌

寵物鳥在與主人一來一往的互動當中，可以感覺到人類的善意，我們把寵物跟人之間的互動變成正向的循環，一步一步的加深人類跟寵物鳥之間的感情，未來帶出門的時候也會對人類更加有安全感，在主人的身邊也會更有自信。

有時候跟寵物鳥相處久了也會發現，如果一隻鸚鵡真的很喜歡你，我們可以明顯的觀察到，鸚鵡會有「護主」的行為，平常在家裡的時候一出來就想要跟著你，不管是在做什麼事情鳥寶都會想要跟在旁邊，隨時隨地知道你在做什麼事情，當有其他鳥類靠近你的時候，或者是我們在跟其他

動物互動的時候，自己家裡的寵物鳥會出現攻擊其他動物的行為，有時候是張開嘴喝斥，更嚴重的時候還會發出聲音趕走別人，讓主人感覺到自己是鳥寶心中唯一的人，而且主人的愛不可以分攤給別人，這個行為也非常有趣，很多時候都讓主人哭笑不得！

▼ 鸚鵡的「護主行為」

如果我們想要確認自己家的鸚鵡是不是很喜歡自己的話，也可以從鳥寶跟我們互動時候的咬合力道來判斷。如果家裡的鸚鵡跟我們感情很好的話，不論是在啃咬或者是動作上面都會「輕輕柔柔」的，有時候用嘴巴跟我們互動時，也會試著放輕力道，讓我們感受到鸚鵡的細心呵護，有時候還會鑽進頭髮裡面，想要幫主人梳梳頭髮。

▲ 鸚鵡細心呵護飼主

如果鳥寶想要吸引我們的注意，有時候可能還會去把東西弄倒、弄亂，想要試圖做一些事情讓主人看見他，鸚鵡的智商非常高，有時鳥寶做出來的事情都會出其不意，讓主人一時反應不過來，但是回頭思考背後的原因，很可能只是想要「博取關注」，所以大家如果遇到這些狀況，先別急著發飆生氣，觀察一下鳥寶這麼做的目的是為何，才可以慢慢調整這些生活上的行為喔！

▲ 鸚鵡有時候會試圖破壞、搗蛋

鸚鵡生氣發火的行為

鸚鵡跟人一樣都是很有個性的，鳥寶的世界裡也有愛恨情仇，前面講到飼主與寵物鳥之間的「愛」，現在跟大家談一談在鳥類行為學上面關於「恨」的感情表現！

以我們家的太平洋鸚鵡「槳槳」舉例，他最討厭「塑膠袋的聲音」！當槳槳聽見或看見有人在使用塑膠袋，發出塑膠袋的噪音時，我就會觀察到他把羽毛炸起來，同時眼神當中帶有兇狠的味道，這就是很典型的「發火了」！

▲ 槳槳最討厭塑膠袋的聲音

當鸚鵡發火的時候也有一些行為表現被觀察並且記錄下來，例如：鸚鵡想要「趕走」某件事或者某些人的時候，會將自己身體的羽毛快速澎起來，讓羽毛豎立起來，或把冠羽「炸起來」，試圖用自己巨大的身形嚇跑敵人！當鸚鵡在野外做出這些動作，對其他生物可以達到恫嚇的效果，不過有些鸚鵡生氣的時候還不只會用羽毛防禦，兇起來可是會「動嘴咬人」的！

當鸚鵡發火的時候，建議大家不要跟鸚鵡「硬碰硬」，因爲當鳥寶開始失去理智之後，也很有可能開始張嘴咬人，尤其是當主人以外的個體想要跟鸚鵡互動時，警戒心以及本能會告訴鸚鵡千萬要防備，當陌生人想要碰觸鸚鵡的時候，很容易就被鸚鵡大咬一口，而且鸚鵡的咬合力可不小，有些被鸚鵡咬過的朋友也都跟我分享，這種感覺甚至比「被老鷹咬」還痛！

▲ 鸚鵡擁有咬合力超強的嘴喙

　　鸚鵡一旦咬下可是不會善罷甘休，尤其是中大型的鸚鵡更是嚴重，很多人被中大型的鸚鵡咬過之後，從此不敢靠近，因爲手上都殘留著被咬過後所留下的傷痕。當鸚鵡發火的時候一咬，很大的機率都會見血，鸚鵡的嘴喙力量之強，堅硬的核果與強韌的樹皮都可以被鸚鵡啃得東倒西歪，生氣起來開始攻擊人之後，要使人受傷簡直輕而易舉。

　　因爲鸚鵡一旦生氣起來還是具有一些危險性，所以說我會建議：中大型的鸚鵡不要跟中小型的鸚鵡關在一起。要是家中有年幼兒童或是其他寵物，也都要記得不要靠得太近。

為了保護大家的安全，以及避免中小型鸚鵡被咬傷，不論是陌生人跟鸚鵡或是鸚鵡彼此之間都要保持安全的距離，也不要以為每一隻鸚鵡都是乖乖牌，會乖乖的低頭讓你摸，有時候鸚鵡只是在設計一個陷阱，當陌生人的手指靠近之後，鸚鵡就直接咬下去，帶來很危險的後果。

　　我們家灰鸚鵡桃樂比有一次就攻擊本書繪者「寧子」。原本寧子只是看見桃樂比從桌上的小站架爬到一旁的枕頭上，想要讓桃樂比站回站架上，於是把手伸向桃樂比的胸口，示意桃樂比可以站上來。桃樂比是非常會認主人的一隻鳥，只要我在桃樂比面前時，她就幾乎不敢作怪，但這回是寧子將手伸向了桃樂比，原以為長期相處的家人可以讓鳥寶降低戒心，願意到手上互動。剛開始桃樂比確實看了看寧子，覺得是認識的人所以把腳抬起來站上手了，但是後來一發現不對勁就開始往寧子的手指猛啄，被攻擊的寧子手上也馬上出現瘀青腫脹，甚至整隻手好幾個禮拜後都還覺得麻麻的。

　　有時鸚鵡什麼時候會發火我們不得而知，就好像人一樣會有情緒起伏，這個案例中我們也可以見到鸚鵡的脾氣有多難預測，一開始都已經願意站上手了，居然會突然開始奮力攻擊，所以我們在跟寵物鳥的日常生活相處上，千萬別忽略了鳥寶的情緒了。

▲ 被鸚鵡攻擊過後瘀青腫脹的手

寂寞要人陪的暗示

　　大部分的鸚鵡在野外都是一整群活動，多數的鳥類都是屬於群居性的動物，總是在期待身邊可以有同伴給予安全感，同時降低身旁的危險，有些特殊的鸚鵡甚至還會齊心協力展現出互助合作的精神，例如來自南美洲的和尚鸚鵡，在野外的時候就有可能會聚集在一起做了一個巨大的巢。被我們所飼養的寵物鳥也是一樣，如果只有一隻鸚鵡的話，也有可能會感到寂寞，想要主人的陪伴，那麼我們應該要怎麼從行為上知道鸚鵡想要人陪伴的暗示呢？

　　首先如果有養鸚鵡的飼主應該可以觀察到，當我們一回家打開門的時候，家裡的鸚鵡都很常在門口等候，還會左右搖晃自己的身體，表現得很想要找人的樣子，這就代表著家裡的鳥寶很想要找人玩了喔！每當我回到家的時候，家裡總是有一大群的鳥寶興奮的在門口徘徊，很期待我把籠門打開讓他們可以出來活動活動，這個行為是鸚鵡需要人陪伴最明顯的暗示。

▲ 好不容易盼到主人回來興奮的鸚鵡們

鳥寶們冷靜下來之後，例如桃樂比總是會跑到我的手邊把頭低下來討「摸摸」，想要我幫他「馬殺雞」一番，不得不說跟 149 頁提到那兇狠的樣子反差很大。非洲灰鸚鵡一生只認一個主人，如果中間由不同飼主接手照顧，就必須花很長的時間才能建立信任感，不過只要灰鸚鵡認定主人之後，會很喜歡對人撒嬌，對人的依賴程度也會逐漸地升高。在日常生活中也可以觀察到許多「想要人陪的暗示」，如果飼主們接收到了任何訊號（例如：討摸摸）也都要記得多陪伴鳥寶，給鸚鵡多一些時間，對著鳥寶們說說話也很好，溫柔地為鳥寶梳理羽毛也很適合，以上這些做法都可以好好運用喔！

　　鸚鵡的感情世界也很細膩，有時候我甚至懷疑鸚鵡是否不把自己當作鳥，而覺得自己是人了，不只是特殊的學語能力相當突出，在情感上更會表現超乎想像的深厚，鸚鵡之間也會彼此建立關係。

　　喪偶會讓鸚鵡非常傷心，例如愛情鳥如果失去了另外一半，世界幾乎是瀕臨滅亡。我們可以看出許多徵狀，像是食慾不振、無精打采、呼叫伴侶這些種種跡象，可見多數鸚鵡對感情是非常忠心的。

　　不過也有些鸚鵡例外，在另一半消失的一兩週內可能會很焦慮難受，但只要生活中多了一個新夥伴以後，開始把注意力轉移，專注在新對象身上，寂寞難過的感覺就會慢慢淡化了。養鸚鵡有時不僅僅是讓鳥寶吃飽穿暖，更要在乎鳥寶的喜怒哀樂，情感上的寄託對鸚鵡非常重要，需要主人好好留意喔！

◀ 喪偶會讓鸚鵡
非常傷心

鳥類發情求偶的行為

很多人都說人如果用外表來喜歡一個人，我們會叫做「外貌協會」！在動物界有很大一部分都是用外表來吸引異性的注意，這對於動物來說真的是本性。外表鮮豔亮麗的鸚鵡也不例外，在自然界他們會用心的照顧好並且珍惜自己的羽毛，越搶眼的外表對於異性來說就更加具有吸引力，鳥類最經典的例子就是孔雀開屏，發情期的孔雀會把漂亮的羽毛顯現出來，雌孔雀也較容易選擇越漂亮的雄性孔雀，在基因學的角度，目的就是為了將較好的基因流傳下去。

▲ 孔雀使用外表吸引異性。

除了羽毛之外，鸚鵡還會用舞蹈來展示自己不一樣的一面，大家有聽過求偶舞嗎？以毛色鮮豔的彩虹吸蜜鸚鵡為例，這種鸚鵡看到喜歡的對象也可能會跳起舞來！

▲ 吸蜜鸚鵡的求偶舞蹈

澳洲野生的吸蜜鸚鵡看到異性的時候，爲了吸引對方注意，就會用身體不斷的手舞足蹈，試圖抓取異性的目光，家中所飼養的鸚鵡開心愉悅的時候也常會有搖動身體或甚至像巴丹鸚鵡一樣跟著音樂節奏搖擺身體，都是遇到「喜歡」的事物所呈現出來的動物行爲！

前面兩個是視覺上吸引異性的方法，求偶時鳥類在聲音方面也會大顯身手。大家晚上睡覺的時候有沒有聽過「台灣夜鷹」求偶鳴叫的聲音呢？可能很多人在深夜會被這種神秘的鳴叫聲驚醒，這其實也是鳥類求偶的表現！鳥類除了用外表來成爲突出的閃亮焦點，也會在夜晚使用「聲音大絕」來吸引異性的關注，台灣許多有特色的鳥類例如綠繡眼，也會在發情期的時候發出相當悅耳的鳴叫聲，把聲音傳播到四周，展現自己的好歌喉！

講到家中的寵物鳥他們是如何追求異性的呢？鸚鵡也會對飼主發情嗎？鸚鵡如果發情會發生什麼事呢？

家裡如果有一對鸚鵡（也就是一公一母）來到性成熟的階段且雙方都有來電，我們可能就會觀察到行爲上會有些許變化。首先兩隻鳥寶休息時會越來越靠近，平時生活的時候會一起吃東西、一起唱歌、一起講話，在籠中的鸚鵡因爲吃的東西比較充足，又擁有著良好的生活環境，所以比起野外的鸚鵡更容易達到發情的狀況，配對後的鸚鵡會開始出現「幫對方理毛」這種貼心的互動，還有「吐料」（嗉囊中未消化完成的食物吐出來給異性），表達自己喜歡對方的心意。

▶ 感情好的鸚鵡會幫對
方理毛表達心意

一段時間過後，這對鸚鵡便會在巢穴附近走動徘徊，出現「親嘴」等等動作，甚至放風的時候會叼一些紙屑等小雜物到巢箱裡面，此時的「地盤性」也會增高，不太喜歡別人靠近他們的幸福小窩，接下來大多就會在晚上或是巢穴中進行「交尾」，這也就完成了鸚鵡求偶的「必勝步驟」了！

◀ 親嘴的頻率很高，代表鳥寶配對成功囉！

　　那麼只有養單隻鸚鵡的飼主也會遇見「鸚鵡追求」的舉動嗎？

　　在討論這個問題之前，先跟各位補充一個小知識，其實有些鸚鵡對於人類性別也是很敏感的，有的鸚鵡特別喜歡女生，看到女生就會示好撒嬌，看到男生就發飆狂咬，這個現象在寵物鳥的生態中也很有趣！回到正題，單隻飼養的鸚鵡在跟人類長期居住的生活之下，幾乎把自己當作人，也同時把飼主當作他們追求的對象，值得一提的是太平洋鸚鵡的吐料行為很特別，就像是在跳波浪舞一樣（俗稱：搖奶昔），左右的搖晃加上左右抖動嗉囊，身體又小小的讓人每次看到都覺得心快要融化了！

◀ 搖奶昔（太平洋鸚鵡的特殊示好行為語言）

當鸚鵡示愛到一定的階段，養鳥人俗稱的「磨屁股」現象就有可能出現，鳥寶可能會對一些玩具或是主人的手會突然「瘋狂磨蹭」，把交尾的動作移到各式各樣的事物，有案例曾報導母鳥發情期時在主人的手上下一顆蛋，讓主人又驚又喜！

▲ 磨屁股（特殊示愛行為）

▲ 母鸚鵡就算只有一隻也可能會下蛋

　　可能會有人驚覺「只有一隻鸚鵡也會下蛋嗎？」答案是會的！就好像母雞一樣，會產下「未受精」的蛋，但是可遇不可求啊！

　　雖然很多時候鸚鵡對我們示愛的表現真的相當可愛！但是你知道「過度的發情」可能會發生不一樣的後果嗎？現在很多人家中的寵物大多都肥肥胖胖的，不過如果身體脂肪太多的鸚鵡在下蛋的時候很有可能發生「卡蛋」的問題，嚴重一點也有可能致命，所以多多注意鸚鵡的生活飲食很重要，儘量減少高脂肪高膽固醇的蛋黃粉，每天幫家裡的鸚鵡量體重並且紀錄下來，也儘量讓鸚鵡維持優良體態，以上講到的遺憾也較不易發生喔！

貼心小提醒

　　若要避免鸚鵡過度發情，飼主應盡可能避免觸摸母鳥背部。

鸚鵡缺乏安全感時的動作

寵物鳥如果到了全新的環境，心中不免會有些忐忑，當鸚鵡害怕緊張的時候會有三個標準行為：「瞳孔縮小」、「發抖」、「衝撞籠子」，如果家中的鸚鵡發生其中任何一項，都意味著鸚鵡可能覺得很沒有安全感。不過為什麼鸚鵡會出現害怕的行為呢？

▲ 當鸚鵡衝撞籠子代表非常害怕

很多傳統的飼養觀念裡頭，對鸚鵡所做的事情都可能會讓鸚鵡感到非常害怕。最常發生的就是當我們引導鳥寶回到籠子裡頭的時候，直覺上大家通常都是追在鸚鵡的後面拼命地想要鳥寶快速的在自己的掌握之中，但在自然界這樣的追逐行為與「獵食」行為相當近似，鳥寶在逃命的過程中會不斷地掙扎，同時加深鸚鵡內心對主人的恐懼。

▶ 追逐鸚鵡會讓鸚鵡
受到驚嚇

有些朋友會私訊問我「為什麼我家的鸚鵡越來越害怕我？」有時候仔細地回過頭觀察我們跟鸚鵡的相處，就會發現一些我們時常讓鳥寶害怕的蛛絲馬跡。

　　我們應該如何友善的讓鳥寶回到籠子裡頭呢？或許我們可以嘗試使用食物引誘，寵物對於小零食總是無法抗拒，如果要輔導鸚鵡回到籠子裡，可以用「無調味玉米爆米花」吸引鳥寶。

　　遊戲時間結束，鳥寶已經在家裡活動大半天了，有了食物出現在鳥寶眼前，會顯得更加有吸引力，等到鸚鵡隨著我們的誘食回到籠子裡休息的時候，給予新鮮且充足的食物，讓鳥寶心中有正向的刺激，當下一次遊戲時間結束要回到籠子裡面休息的時候，鸚鵡會知道進到籠子裡面就有好處（會有好吃的食物可以吃），就會成為刺激鳥寶回到籠子裡的吸引力，也不會因為我們強硬地去抓鸚鵡，而讓主人在鳥寶心中留下不好的印象。

◀ 誘食是讓鸚鵡回籠的絕佳方法

　　我們讓鸚鵡出來遊戲的時候也是一樣的道理，有些人可以一隻手直接伸到籠子裡面去抓，鸚鵡在休息的時候突然看到一隻手往籠子裡面靠近，想當然的心裡一定會非常緊張，同時鳥寶也會開始四處逃竄，這樣的情況對寵物的感情是沒有好處的，在衝撞籠子的過程當中也有可能會因此受傷，尤其是體型嬌小的鸚鵡特別容易發生上述狀況。

當我們要讓鳥寶在家裡活動活動筋骨，我們可以試著把籠子打開之後，看鸚鵡願不願意自己從籠子裡面出來，如果願意的話，經過多次的訓練，當籠門被開啟的時候，鸚鵡就知道可以出來玩樂了！當然如果家裡的鳥寶不想要出來，我們也千萬不要強求，順其自然的對待鸚鵡，才不會因為一時的著急，而破壞了跟鸚鵡長久以來建立起的關係！

▲ 打開籠子試探鸚鵡出來玩的意願

平時在跟鸚鵡的互動上，我們也可以多多注意生活上面的互動習慣，有時候一點點變化或態度都可能會影響著一隻鳥的個性還有我們跟他相處的和諧程度，在動物互動上來說，我們一定要切記千萬不可以體罰動物，任何「關禁閉、怒吼的舉動」或甚至讓鸚鵡「刻意餓肚子處罰」，都可能使得鳥寶跟我們的感情漸行漸遠，一旦長期建立起的感情出現了裂痕，之後要重新恢復就不太容易了。所以大家一定要記得這些生活上的禁忌，以及與動物互動上面絕對不可以養成的習慣，才可以跟寵物的關係變得越來越好喔！

鸚鵡受驚嚇該如何安撫？

　　不論是鸚鵡受到驚嚇，或是我們突然不小心做了什麼 NG 的行為，導致鸚鵡的心理狀態嚴重受到影響，原本形影不離的寵物，變得看到人就想要攻擊，很多飼主在遇到這樣的情況都會亂了手腳，非常害怕家裡的寶貝會不會永遠都不愛自己了？但我們其實可以透過一些簡單的方法讓鳥寶的情緒漸漸穩定下來，這對於未來感情恢復與默契培養都很有幫助！

讓鳥冷靜

　　當鸚鵡被帶回家，換了個新的環境，絕對會有不適應的感覺，就像我們剛開始去學校開學的第一天，想必心裡肯定都是充滿忐忑，我們在觀察到鸚鵡出現三項標準行為「瞳孔縮小」、「羽毛緊縮（發抖）」甚至「衝撞籠子」的時候，第一步就是讓鳥先冷靜下來，先將籠子擺在家裡安靜的角落，並且用布稍微蓋起來，讓鸚鵡處於一個有安全感的狀態，同時也讓鸚鵡開始適應這個環境可能會有的腳步聲等環境音，算是重啟信任感的第一個重要步驟！

低喃陪伴

　　高亢的聲音使人焦躁，快速的節奏使人不安，如果要讓心理得到一種穩定安心的感覺，我自己會選擇用較爲低沉的聲音，慢慢地對鸚鵡說說話，這邊要舉一個反例，有些人不小心弄痛鸚鵡的時候會一直跟鸚鵡說對不起，而且會用很急促很緊張的聲音在鸚鵡耳邊一直說話，這樣反而會讓鸚鵡比你更緊張，不知道該如何是好，所以萬一不小心把鸚鵡給「惹毛」，要記得「低喃的陪伴」或許會比一直緊張的道歉來的有效果喔！

理毛安慰

　　手養親人的鸚鵡最放鬆的時候就是被摸頭理毛的時刻，當鸚鵡看完獸醫或者是任何「像是歷經大風大浪的時刻」，不妨就讓鸚鵡到我們的身邊，讓他們感受我們手心的溫暖，還有飼主溫柔的輕觸羽毛，都會讓受到驚嚇的鳥寶心情更快的平復，也一步一步的重新把你們之間的感情給建立起來！

▲ 幫鳥寶理毛可安撫情緒

音樂放鬆

　　音樂是療癒內心狀態的最佳解藥，《英國精神醫學期刊》也有研究顯示，音樂可緩解憂鬱與焦慮症狀，國內期刊《科學發展》指出，聽音樂和唱歌能增加免疫球蛋白 A，並產生催產素以減少焦慮與恐懼。音樂對於生物有一定的影響力，如果大家覺得鸚鵡最近似乎表現得比較憂鬱，也可以試著用音樂放鬆的方法來給鸚鵡創造快樂！

▲ 音樂可以讓鸚鵡心情變好

零食分享

　　當鸚鵡被飼主嚇到的時候，往往會對飼主有不好的印象，也就是大家在說的「記恨」，但根據不同鸚鵡的個性與智商，他們對飼主的記恨行為會持續多久都不一定，在這段期間建議大家不要只有等待著鸚鵡回心轉意的一天，可以試著主動出擊，把你放在櫃子裡的那些鸚鵡專用零食法寶拿出來，給家裡的主子討個開心，也可以加快你們恢復感情的速度喔！

轉移焦點

鸚鵡若是冷靜之後，還是依然對飼主有嚴重的戒心，像是盯著飼主，遲遲不敢靠近建議大家可以轉移鸚鵡的目光，像是給鳥寶看看其他鸚鵡的影片，用「好奇心」代替「警戒感」，以減緩驚嚇後的心理不適，或者給鸚鵡喜歡的玩具，讓鸚鵡把心思放在玩具上面，焦點轉移過後，再慢慢的接觸鸚鵡，他們也會比較快接受我們喔！

▲ 適時讓鸚鵡轉移注意力到玩具上

播放鳥鳴

▲ 鸚鵡很喜歡聽野生鳥類的叫聲

即便大家家裡的鸚鵡大多都是人工繁殖出來的幼體，離野生的大自然已有一段距離，但是當鸚鵡聽見其他野生鳥類的聲音，也會讓鸚鵡非常專注的聆聽，在網路上面也很好搜尋到鳥類的鳴叫聲，不見得要野外的鸚鵡叫聲，台灣很多本土野鳥的叫聲，對鸚鵡來說也有一些安撫的效果，如果下次真的不小心嚇到鸚鵡了，這個方式也提供給各位參考！

精神戰術

什麼是精神戰術呢？這其實是在考驗鸚鵡的精神也在考驗鸚鵡飼主的精神！不親人或是很怕人的鸚鵡，如果把以上七項的方法都做得差不多了，在鸚鵡看到人也能夠冷靜下來的情況下，精神戰術就要開始了。我們可以在假日或者休假期間跟鸚鵡相處 24 小時，不論做什麼事情，讓鸚鵡可以陪著我們一同完成，雖然很累，但是長期的相處鸚鵡會更加習慣人類，一層一層的把信任感堆疊起來，這深厚的感情在未來的日子裡也會讓鸚鵡更加依賴飼主喔！

▲ 試著與鳥寶一起相處一整天

分析原因

在鸚鵡回到我們身邊之後，可以仔細的分析這次感情出現裂縫的原因，究竟是因為鸚鵡正在換羽毛純粹不想要被干擾？還是鸚鵡晚上睡覺的時候，被夜間出沒的小昆蟲嚇到？每一隻鸚鵡害怕的東西都不盡相同，自己家的鸚鵡一定只有自己最清楚鳥寶被嚇到的原因，抽絲剝繭之後，如能儘量避免這些情況再次發生，才是治標又治本的方法！

預防技巧

　　像是幫鸚鵡晚上點夜燈、減少在鸚鵡面前拿巨大的物品嚇到鸚鵡，都是我們平常可以做的小技巧，增加環境的整潔也會讓蚊蟲不靠近鳥寶，若要避免鳥類在休息的時候受到驚嚇，跟鸚鵡互動時「放慢動作，放輕腳步」，更仔細地做「預防」的功課，才是更能有效重啟與鸚鵡信任感「必勝方法」！

▲ 夜燈可以讓鸚鵡有安全感的入睡

貼心小提醒

　　獸醫師建議若要點燈，以昏暗小夜燈為佳，因為鸚鵡發情跟光照長短有關，光照時間長會較容易引起發情。容易夜驚的鳥可以採用漸進式關燈法，讓燈慢慢暗下來，保持鸚鵡飼養環境的穩定（不要有突然的閃光）。

Chapter **6**

鸚鵡的
基本訓練

大家對鸚鵡的第一印象是什麼呢？

記得我第一次跟鸚鵡的相見歡就是觀看鸚鵡的表演！當初大約五歲的我看到聰明的鸚鵡居然會在舞台上算出數學題目、騎腳踏車、唱歌跳舞，這些表演都讓現場的觀眾目不轉睛，大家都對鸚鵡所擁有的超高智商覺得非常不可思議！

不過隨著「動物保育」的觀念興起以及「動物展演」的法律保護，大家對於動物訓練開始有了不同的想法。有些人提出「讓鸚鵡學特技取悅人類真的好嗎？」往後又開始有更多人質疑動物訓練是否違法？訓練的過程是否有虐待動物的嫌疑？因此現在的鸚鵡表演大多以生態教育的方式出現在我們面前，我也非常反對任何以「暴力」的方式訓練任何動物做任何的特技表演，而我會將暴力訓練的方式定義為「狹義的訓練」。

然而在生活上與鳥寶培養感情時，若能以「誘食」的方式，引導寵物鳥學會許多可愛的互動式技巧，屬於「廣義的訓練」，誘食訓練與暴力訓練的差別在於動物的福利以及訓練的方式，有些方法更是用某些特定的訓練方式達到生活上的「保護效果」，站在不同角度上看待訓練這檔事，是很有可能有不同的見解與看法的，那麼究竟「訓練」應該要如何進行呢？

本章將手把手跟你分享我在訓練上的經驗與「預防飛失」該怎麼操作，當然絕大多數讀者所在意的「該怎麼讓鳥寶學說話？」也會在本章介紹。

鸚鵡的減敏訓練

膽小的鸚鵡

　　許多鸚鵡的個性都很膽小，要是主人帶鸚鵡出門，在外出時很有可能受到環境的刺激顯得非常敏感。受過「減敏訓練」後的鸚鵡，除了個性上會比較穩定，外出活動的時候也比較不會受到驚嚇，我們平常跟鸚鵡互動的時候，也可以跟鸚鵡更加有默契，同時這也是非常廣為人知且被鳥界重視的一項訓練，應用的範圍也很廣。

　　舉個例子來說，有些人家裡的鸚鵡不太喜歡玩玩具，看到玩具就拔腿狂奔，而主人看到鸚鵡發生這樣的狀況總是不明白為何精心準備的玩具，別人家的鸚鵡都可以享受在其中，但是自己家的鸚鵡卻不願意靠近呢？在鸚鵡的生活中，當我們提供一個新的物品在鸚鵡面前，對他來說可能因為玩具體積比自己的身體還大，又或者是玩具的顏色太過鮮艷……種種因素，都會導致鸚鵡畏懼我們所提供的物品。

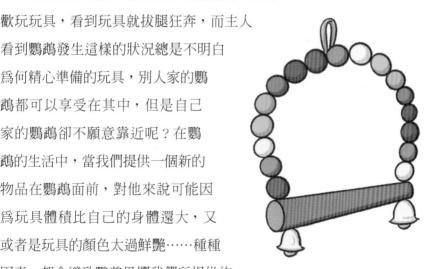

▲ 顏色鮮豔的玩具可能會讓鸚鵡感到害怕

減敏訓練（去敏）的做法

　　我定義「減敏」為：漸進式的使其習慣。

　　若要成功達到去敏，可以先將我們所選定的物品放在鸚鵡視線所及的範圍，平常生活鳥寶可以看見這項物品，但是又不會讓他們覺得具有威脅感，當我們觀察到鸚鵡開始會「主動靠近」這項物品，就代表著鸚鵡已經開始放下防備之心，願意開始跟這個物品做互動；同時間我們也可以在此時獎勵鸚鵡，像是把零食放在新玩具的附近，當鸚鵡靠近的時候，就會有零食可以吃，藉此提升鸚鵡靠近的可能性。同樣的方式應用在「外出繩」也很實用，許多鸚鵡第一次接觸外出用品時，都會被特殊的材質以及外出用品的造型嚇到，我們不處理的話，有可能會讓鸚鵡對「外出」這件事情產生強烈的反感，未來若要帶鸚鵡出門，將會變成非常麻煩的窘境，因此以上講解的方式，在日常生活上我們可以善加利用。

什麼是闖臉？

　　我有一群飼養以及訓練老鷹的朋友，我也常常跟大家交流關於老鷹的訓練技巧，後來發現在老鷹的訓練也會很常使用「減敏訓練」的這個重要的概念。當猛禽界在形容「減敏」時會使用一個專有名詞「闖臉」，表示帶著寵物鳥出門闖蕩，在主人的視線下安全保護，了解寵物鳥真正遇到各

▲ 哈里斯鷹（栗翅鷹）

式各樣的刺激所會發生的突發狀況。特別是在任何訓練之前，「闖臉」顯得特別的重要，如果扎實的實行並且了解「鳥寶害怕的人事物」，更可以掌握鳥寶的各方面狀況。

貼心分享

　　我們家的金剛鸚鵡帕薩第一次搭機車出門，就被機車的發動聲響嚇到，後來經過 2 ～ 3 次的嘗試，現在已經可以非常適應搭機車，也會很享受吹風的感覺，這在金剛鸚鵡的訓練上稱作「路馴」，需要長時間有耐心地進行，對未來金剛鸚鵡的飛行技巧有非常正面的影響。

鸚鵡繫繩放飛訓練

放飛的前提

▶ 放飛訓練

「放飛」一直是在鸚鵡的飼養討論當中相當敏感的話題，因為某些部分的團體會以訓練鸚鵡在野外放飛，藉此達到給予鸚鵡足夠運動量的目的，不過因為鸚鵡的膽子小，加上外在環境變化非常大，即便受到嚴格的飛行訓練，還是有可能發生意外而飛走，所以同樣是要讓鸚鵡運動，現在大家都一致認為戶外放飛不是唯一的方法。

經過時間的演變以及保護觀念的興起，鸚鵡的「放飛訓練」在台灣漸漸演變成為保護型的訓練。至於應該要如何操作呢？以下會具體說明。

貼心小提醒

實際說明放飛訓練操作之前，鸚鵡小木屋主張「繫繩放飛訓練」，任何的戶外訓練皆有其潛在風險，例如風向或者訓練上的操作不當，所以會建議大家放飛的訓練以「繫繩」為優先考量，加強一層的保護。但也要呼籲，即便已經是繫繩的狀態，並不代表戶外的訓練是 100% 安全的，一定要勘查地形、天氣、降雨狀況、風向，最重要的是要清楚觀察附近天空是否有「猛禽」出沒，都市裡的猛禽也不少（例如鳳頭蒼鷹會在大安森林公園的樹上築巢繁殖），而在大自然環境當中的小型哺乳類與鳥類就成為這些猛禽的主食之一，若要實施放飛活動，飼主必須隨時提高警覺，注意外在的各方面狀況！

放飛的原理

首先我們要先了解訓練飛行的原理，以及如果我們教會鸚鵡如何飛行，會帶給鸚鵡什麼樣的好處？

之前參加過幾次鸚鵡的聚會，常聽前輩跟我分享所謂的放飛訓練，其實就是在模擬親鳥帶著雛鳥練習飛行的狀態，野外的鸚鵡雙親在哺育幼鳥到一定的階段之後，會開始引導幼鳥走出樹洞，也會教幼鳥取食與生活。因此鸚鵡的父母親會站在洞口用食物吸引鸚鵡出來，當鸚鵡成功走出第一步也會獲得親鳥的食物獎勵，接著親鳥會再將距離拉長，並且用叫聲呼喚幼鳥，試圖讓幼鳥靠近自己，在移動的過程當中，隨著距離的拉長以及高度的落差，還有幼鳥的身體結構也逐漸地發展完整，鸚鵡就會開始拍動自己的翅膀，這就是練習飛行的第一個階段。

人類訓練鸚鵡飛行也是一樣的道理，我們透過食物還有呼喚，再加上每一次飛行的練習，都會讓鸚鵡可以更加善用翅膀還有肌肉，一次又一次將身體伸展開來，同時得到食物的時候也接收到聲音的訊號，鸚鵡就會把聲音跟食物聯想在一起，下一次我們吹哨子的時候，鸚鵡就會自動地來到我們身邊了！

成功放飛的關鍵

「鸚鵡的年紀」是我們是否能夠成功訓練的一大關鍵，通常要成功地訓練鸚鵡，鸚鵡的年紀最好是在還沒有斷奶之前（對人類還有食物上迫切需要之時），種種的因素都會刺激鸚鵡「往食物的方向」靠近，加上個性

都還沒有定型，訓練上會容易許多。

　　每一隻鸚鵡的個性也會影響未來放飛的狀況，就像是每一個小孩子會有不同的思維以及性格，如果是個性上比較叛逆型的鸚鵡，說實在的如果用一樣的訓練步驟、花一樣的時間甚至給同一個人訓練，都未必會有一樣的成果，這點也必須打個預防針先讓大家知道。

貼心小提醒

　　訓練放飛最重要是與鸚鵡之間的信任感，如果曾被主人「打」、「罵」，都會讓鸚鵡在回手的前一秒產生不信任感。切記！放飛鳥不能教訓，也不建議餓鳥。

　　鸚鵡的品種當中，我們也會觀察到比較少人放飛灰鸚鵡、折衷鸚鵡這些品種的鸚鵡，而比較多人放飛金剛鸚鵡、錐尾鸚鵡，因為某些品種真的比較適合放飛，某些品種就真的比較不合適。當然放飛灰鸚鵡、折衷鸚鵡的飼主也是有的，之前也聽過訓練者跟我分享訓練特殊品種的過程與遇到的難處，如果大家想要訓練鸚鵡放飛之前，或許鸚鵡的各個「品種」之間的個性差異，也是我們能夠加入評估的元素之一。

▶ 折衷鸚鵡比較少
　被訓練放飛

▲ 金剛鸚鵡是最常被訓練放飛的鳥種

放飛訓練的準備

▼ 編織型風箏繩是戶外繫繩放飛的必要工具之一

我們會需要的用品：

● 一個哨子

● 一條很長的細繩子（棉繩比較容易打結，建議用非塑膠的編織型風箏繩）

● 吸引他們過來的食物（幼鳥配方奶、蜂蜜）

當鳥帶回家的第一天起，養成「邊吹哨音邊餵奶」的習慣很重要。若是飼主有打算要訓練鸚鵡，鸚鵡平時的籠子裡面就不要置放太多食物，讓鳥寶習慣「看到人，才有食物」，加強鸚鵡對人類的依賴，但也要切記，不要因為訓練的緣故而讓鸚鵡「過度挨餓」，以免造成反效果，鸚鵡的安全與健康還是最重要的喔。

第二步，拉長距離後開始呼叫鸚鵡。當鸚鵡對人有需求之後，我們叫他會有反應，同時也會慢慢靠近我們，這代表你已經成功跨出第一步了喔！建議各位飼主剛開始可以先讓鸚鵡在室內練習飛行，以循序漸進的方式，前面幾次可以先來回兩三趟，接著將鸚鵡餵飽（代表完成今日訓練），「強化」鸚鵡心中對食物獎勵的感受，更讓鸚鵡的心中可以記住今天做對一個「對的行為」，如此一來，鸚鵡跟人之間的默契就可以逐漸培養起來了。

第三步，在室內開始練習「繫繩子」飛行。剛開始鸚鵡一定會不太習慣，所以要透過我們前面講到的「減敏訓練」降低鸚鵡對環境的心理壓力，當然我們也要控制好繩子的長度，鸚鵡在室內飛行的時候，保留繩子可以正常的活動的長度，等到鸚鵡在室內的環境都有辦法正常的繫著繩子做飛行的來回動作，我們就可以漸漸把練習的場地換到室外。室外的環境具有

不同的聲音，以及不同的風向還有氣流，這個時候鸚鵡所訓練的是「翅膀的使用能力」以及「平衡氣流在身上的活動狀態」，適應力強的鸚鵡能夠在飛行的過程中輕易駕馭不同的氣流，但是如果體型比較小或者是經驗不足的鸚鵡就比較容易被氣流吹走（或壓下），這也是此訓練本身具有的危險性。我自己訓練的時候，就有幾次因為風太強，而讓鸚鵡不小心被風壓下來，如果各位觀察到風向不對或者是天候不佳時，要避免在室外過度訓練，訓練的時候也需要特別注意鸚鵡的身體狀況，也可以提供適量的營養補充品，幫助鸚鵡補充體力還有均衡的營養。

▼ 鸚鵡駕馭氣流

▲ 戶外的繫繩活動，也是讓鸚鵡運動的好方法。

貼心小提醒

　　剛開始鸚鵡不太會從高處往下飛行，非常容易造成鸚鵡飛上高處不敢下來的狀況，這個時候我們除了用食物引導，以及使用「吹哨音」的方式去呼叫鸚鵡，最重要的就是不要急，等待鸚鵡自己成功飛下來的那一刻，把鸚鵡餵飽（表示獎勵），讓鸚鵡知道這是「對的行為」，強化鸚鵡正向的表現，下次如果發生相同的狀況，鸚鵡就會知道要如何操作才會得到獎勵，我們在訓練上的節奏也會比較穩定喔！

　　我自己認為戶外的訓練可以提升鸚鵡的穩定，鸚鵡又可以有足夠的運動，但是千萬要謹慎再謹慎。如果各位是飼養比較小型的鸚鵡，還是會建議大家在室內做放風的活動就足夠了，室外對小型鸚鵡來說壓力還是太大。只要把握好訓練的技巧，在室內還是可以完成很多有趣的把戲，像是套圈圈、飼主用手指頭假裝開槍（鸚鵡則裝出倒下的動作）等，這些訓練都也會成為主人跟寵物之間很好的互動橋樑，有時候把這些片段上傳到網路上，還會吸引許多人的關注呢！

▲ 鸚鵡套圈圈訓練

延伸：「響片」的使用方式

鸚鵡與人類的溝通，除了從行為語言上面可以做簡易的判斷，在日常生活當中有些訓練時也會利用「響片」與鸚鵡進行溝通。

響片是一個可以輕易發出清脆聲響的訓練工具，根據教育心理學「正增強」（Positive Reinforcement）的原理，可以用得到「好結果」來促使寵物鳥強化一個「好行為」。

舉例來說，鸚鵡做了一件你希望他應該要做的事情，例如在定點上廁所，如果鸚鵡有在正確的時間做正確的事情，訓練時會用響片「製造清脆聲音」的方式來鼓勵鸚鵡，同時給鸚鵡食物作為獎勵，讓鸚鵡得到正向的回饋，達到相互溝通以及生活上面的絕佳默契！

如果要讓鸚鵡正確的與人溝通，需要透過人類的「長期」觀察，例如：觀察鸚鵡上廁所的頻率，預測鸚鵡接下來會有什麼樣的動作，再藉由引導的方式，並且把握時機給予鸚鵡獎勵，下次鸚鵡就會想要去做出得到鼓勵的事情，在心理學上面，也就是我們所提到的「強化行為動機」。再加上響片的強化，猶如在寵物鳥與人類之間建立起一道橋樑，也就是說把這個響片所製造出來的聲音，跟獎勵、鼓勵劃上等號。

這個概念最早由 1930 年美國心理學家 Skinner 提出，最後許多動物訓練人員才發現這種「增強」的概念運用在動物訓練上非常有效果，不論是鳥類、貓狗或者是任何動物的訓練都很實用。

▶ 響片是常見的溝通與訓練工具

176

鸚鵡的說話訓練

學說話的技能

鸚鵡「學人說話」算是大眾眼裡最標準的技能了，我也時常收到朋友詢問我：「應該要怎麼訓練鸚鵡說話？」我們到觀光地區看到鸚鵡的時候，也會觀察到很多人習慣對著鸚鵡不斷說著「你好！」。

「鸚鵡學舌」確實是超過 90% 以上的台灣人對鸚鵡的刻板印象，認為只要是鸚鵡就應該要有說話的

▲ Jack 受邀上電視台分享鸚鵡的習性

技能，更有很多人是為了鸚鵡的說話能力而選擇飼養特殊的寵物鳥。鸚鵡的說話能力確實是不錯，但是還是有兩個關鍵的要素：第一個就是品種，而第二個就是訓練方法。

學說話的關鍵

首先，小型的鸚鵡相對於中大型的鸚鵡來說，統計上小型鸚鵡的說話能力相對較差，有時候會發出微小的講話聲音，但是聲音會比較模糊，所敘述的詞彙以及記憶的詞彙數量也都會比較少。

▲ 金剛鸚鵡帕薩在4個月大時開口叫「爸爸」

　　這是先天條件影響鸚鵡的說話能力，不過即便小型鸚鵡說話能力在大眾的眼裡比較不好，但是還是有某些品種的個體，在說話能力上有令人相當驚艷的展現。在小型鸚鵡當中，最具有代表性、最會說話的就是「虎皮鸚鵡」了，這個品種在台灣寵物界非常常見，但坦白說有一半以上的虎皮鸚鵡，說話能力沒辦法非常流利，只有某部分的天才個體，才可以對著自己的玩具，不斷地說出各種詞彙，這些模樣我們在網路影片也都能夠查到，模樣真的相當可愛。

　　第二個，我們如果要透過後天的訓練方式提高鸚鵡的說話機率，也有幾個關鍵因素可以把握，首先我們都知道鸚鵡如果想要說話，有一部分的

原因是因為想要跟人互動，如果想要讓鸚鵡說話，絕對要付出極大的耐心陪在鸚鵡的身邊，跟鳥寶多說說話。

特別是你想要他講的詞彙，千萬不要急，一定要「一個字一個字」發音清楚，此外鸚鵡所學習的不只是詞彙的文字，更是會模仿人類說話的語調以及咬字，例如女主人的聲音跟男主人的聲音不一樣，也會影響著鸚鵡說話的口氣、音調，有時候模仿起來也還真的非常有韻味。

▲ 對鸚鵡說話要「一個字一個字」發音清楚

小知識

　　野外鸚鵡的「模仿」天賦是為了讓同伴知道自己是家族成員，群居型的鳥類會透過模仿來達到族群認同。

我們同時也可以利用「科技工具」教導鸚鵡說話，像是鸚鵡小木屋首創把「鸚鵡說話學習機」的重複播放概念線上化，將其製作成 YouTube 影片，讓飼主可以重複播放相同的詞語，幫助鸚鵡更加熟悉字的發音。平常我們出門上班不在家的時候，直接重複播放這種學說話影片，也是很方便的做法喔！

YouTube

▲ 鸚鵡說話學習機

台灣早期手機還不是那麼普遍時，許多人教鸚鵡說話的時候所使用的工具就是「錄音機」，可以錄製自己的聲音播放給鸚鵡聽，但隨著科技的進步，現在大家的手機也幾乎都會有錄音功能，只要多加善用現在這個時代的優勢，也都可以讓鸚鵡比較聽得清楚發音咬字。不過我們前面有提到，鸚鵡最主要會想要「對人說話」有一大部分是跟「飼主」有關，鸚鵡為了要讓主人多看自己一眼，所以開始作出「模仿」的行為，由此可知，使用播放器重複播放後，也必須搭配著我們與鸚鵡的對答，才能將這項技能繼續發酵，讓鳥寶變得越來越會說話喔！

說話的黃金期

以一日的時間來說，每天的早晨是鸚鵡最喜歡唱歌跟說話的「黃金期」，鳥寶會在這段時間特別愛講話，當我們發現鸚鵡開始有說話的欲望出現，甚至開始發出喃喃自語的聲音，就是很棒的訊號了。大家要記得把握說話的黃金期，多在這段時間播放「說話錄音」的聲音給鸚鵡聽，或者是用零食跟鸚鵡邊對話邊鼓勵，我自己會喜歡給無調味的鸚鵡爆米花或是葵瓜子當獎勵，大家也可以選擇自家鳥寶愛吃的零食當作獎品。

◀ 鸚鵡在早晨特別
愛說話

鳥寶的年紀大約在「亞成鳥」（接近會飛翔）的階段，此時鸚鵡的身體各個器官也都發展得比較完整，為了想要得到更多的互動或者是得到東西吃，這些外在的原因都會刺激著鸚鵡說話的能力、發音的標準程度，飼主也可以透過一次又一次的反覆練習，去調整鸚鵡咬字的狀態，如果飼主想要讓鸚鵡學習的更好的話，平常我們在教導鸚鵡說話的時候可以儘量保持相同的音調，這樣子的做法會讓鸚鵡更加熟悉我們說要教育的詞彙之標準性，帶來更好的學習效果。

鸚鵡的洗澡訓練

我家的鸚鵡很怕水

　　最後一個是洗澡的訓練，也就是「正確洗澡的方式」。因為很多新手鳥爸媽對於鸚鵡如何洗澡這個問題總是感到非常納悶，為什麼別人家的鸚鵡看到水就會很興奮地跳下去洗，自己家的鸚鵡看到水的時候卻害怕大叫，這背後是不是有什麼特殊的訓練方式？或者是幫鸚鵡洗澡的環節有什麼地方出了差錯，才會造成他們對於水這麼恐懼？

◀ 有些鸚鵡生性怕水

　　鸚鵡對水的喜好有一部分跟天性有關係，有些鸚鵡喜歡有些不喜歡，但是我們仍然可以透過引導與輔助的方式讓鳥寶更加的喜歡親近「水」，更透過訓練的步驟慢慢地讓鸚鵡開始願意自己洗澡。當鸚鵡開始願意自己洗澡之後，會舒展自己的每一支羽毛，使水份流進絨毛當中，達到充分清洗羽毛的效果，羽毛也會看起來更加亮麗整齊。那麼，我們應該要怎麼進行洗澡的訓練呢？

不同的洗澡方式與頻率

首先洗澡有不同的方式，就我所知大多數飼養金剛鸚鵡的鳥友，都是使用噴霧的方式幫助鸚鵡沐浴，主要是透過非常細小的水珠，像下雨一樣包圍鸚鵡，讓鸚鵡的環境濕度提高，進而達到降溫以及清洗的作用。這是用「被動」的方式讓鸚鵡達到洗澡的作用，通常這個做法可以使用在一些個性上比較害怕水的鳥寶。

▲ 金剛鸚鵡習慣以水霧方式沐浴

第二種幫鸚鵡洗澡的方式，可以準備一個透明水盆（比鸚鵡的身高低），透明水盆會讓鸚鵡降低戒心，同時提高想要洗澡的欲望，通常鸚鵡會害怕進到水盆洗澡，是因為我們給的水盆高度太高、水位太深。

我們想像自己來到一個深不見底的游泳池，心裡想必會非常緊張，更不會輕易進入這個危險的區域；相同的方式套用在鸚鵡身上，我們就要非常注意第一次讓鸚鵡遇到水盆的時候，必須給鸚鵡留下好的第一印象，將這個水盆放在籠子裡頭，也可以用手稍微拍動水面，濺起一些水花。在炎熱的天氣當中當鳥類看到清涼的水珠，就會刺激他們想要攤開翅膀洗澡的欲望。

◀ 對鸚鵡來說，洗澡水盆就像深不見底的游泳池。

鳥類洗澡除了使用這兩種方式，野外的鳥類也會透過沙子來洗澡，最經典的例子就是麻雀洗澡的時候，就是非常喜歡使用沙坑裡的沙子，透過雙翅快速拍打的方式，讓沙子濺起來，進而磨擦身體，達到乾燥與清洗的作用，不過這種方式在鸚鵡的飼養裡頭比較少見。

通常大家還是使用清水來讓鸚鵡洗澡，但如果有機會觀察台灣野外鳥類，幸運的話可以看見麻雀進行「沙浴」的特殊行為喔！

▲ 麻雀的特殊沙浴

洗澡的用具

先前有提過鸚鵡會害怕顏色比較特殊的沐浴用具，像紅色就是鸚鵡比較不喜歡靠近的顏色，從這點我們可以多留意當鸚鵡在洗澡時所使用的用品帶給鸚鵡的感受，如果是讓鸚鵡比較有安全感的洗澡用具，會增加鸚鵡自行洗澡的意願。洗澡的用品非常多種，許多飼主也很好奇，像是鸚鵡專用的洗澡粉、沐浴用品可以使用嗎？鸚鵡洗澡時的水溫應該如何控制？哪些地方可以買到比較適合的水盆呢？

先從選購水盆的個人經驗來跟大家分享，其實我自己認為最好買水盆的地方就是 IKEA，因為在這個賣場大中小型的水盆都有，隨著家中鸚鵡的體型去選擇比較適合的澡盆尺寸，而且顏色大多都是白色或者是透明的，價格上也不會太貴。大家如果不知道要去哪裡添購的話，或許也可以到 IKEA 看看有沒有適合自己家裡鸚鵡的水盆！

▲ 可在 IKEA 或其他大賣場找到多種尺寸的水盆

除了 IKEA 之外，也可以在五金行挑選水盆。大家可以挑選黃色的密林盆，價格便宜且尺寸多元，重點是密林盆設計得比較淺，鸚鵡比較不會怕，選黃色的話適合給鸚鵡洗澡，如果鸚鵡願意靠近這個盆子，與水盆拉近距離之後，願意自己跳進去洗的可能性就增加了。

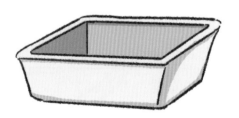

▲ 黃色密林盆很適合當鸚鵡的澡盆

飼主在選購盆子上面多花點心思，多試幾種不同的顏色跟尺寸，找到自己家裡的鸚鵡喜歡的樣式，鳥寶願意自己洗澡之後就一勞永逸了！

　　接下來給鸚鵡洗澡的「水溫」也要注意，因為鸚鵡的羽毛上面都有分布好的油脂，這些油脂保護著鸚鵡的羽毛維持較佳的狀態以及光澤，（這也是為什麼我們有時候會觀察到水滴碰到鸚鵡的羽毛不會直接滲進去的原因），這種好的油脂對鸚鵡來說特別重要。

　　所以說我們給鸚鵡洗澡的時候要注意水溫千萬不能太高，天氣炎熱的話甚至直接使用溫水、冷水都沒關係，因為過高的水溫有可能會導致鸚鵡羽毛上的油脂被分解，如果油脂代謝太多，對鸚鵡的羽毛來說並非好事，鳥類的油脂更怕洗碗精或者是人類用的沐浴乳之類的清潔用品。我們給鸚鵡洗澡的時候千萬不要拿自己的洗髮精加到水裡，這樣不只是鸚鵡在洗澡的時候有可能會有誤食中毒的風險，清潔劑在鸚鵡的羽毛上也會洗掉過多的油脂，對鸚鵡是不好的。

　　但是市面上有一些寵物專用的清潔劑可以給鸚鵡使用嗎？

　　市售常見的某些比利時進口沐浴粉，如果是專為鸚鵡所設計的產品，而且有大品牌掛保證，我們就可以使用在鸚鵡身上，達到「清潔沐浴」的效果，因為鳥類專用的清潔用品能夠使得羽毛變得更加柔順，也可以避免跳蚤的寄生，對鸚鵡來說是好的。

▲ 勿將人類的洗髮精加入澡盆讓鸚鵡洗澡

不過如果是其他動（寵）物的清潔劑，我就不建議大家給鸚鵡使用，雖然寵物所使用的清潔劑通常不會有誤食毒性物質的危險性，不過對於鳥類的羽毛來說，畢竟跟其他哺乳類的毛髮不同，我們無法確定「是否有其他刺激性的成份？」、「是否會影響鸚鵡的羽毛？」所以在挑選鸚鵡的沐浴用品之前，務必確認是否是專爲鳥類所設計的產品，在使用上面會比較安心，安全上也比較保險喔！在使用之前也務必參考說明書，控制劑量以及使用的頻率，才會對鸚鵡有好的效果。

▲ 適當清潔可避免跳蚤寄生於鸚鵡羽毛

雨天可以讓鸚鵡自己洗澡嗎？

關於下雨的時候能不能把鸚鵡直接放在外面淋雨當作洗澡，或許大家有曾經聽說過，「鳥類在野外不都是這樣洗澡的嗎？」

這個話題其實非常有趣，因爲有一部分的飼主是主張使用這種方式來讓鸚鵡達到洗澡的效果，不過使用這種方式是有一些危險性的。野生鸚鵡在戶外的環境遇到下雨天的時候，有時候確實會站在雨中享受著大自然的洗禮，以最天然的方式清潔自己的身體；並且在雨過天青之後，利用陽光的溫暖把身上的羽毛烘乾，維持自己的身體在最佳的狀態，但天氣如果太差，或者是雨太大，鸚鵡也會根據當地的地形，找尋適當的遮雨場所，像是大樹下或者是其他可以遮風避雨之處，避免自己受寒。

▲ 鸚鵡曬太陽（照片為林口許小姐提供）

　　那到底我們可不可以讓鸚鵡在雨天洗澡呢？這個做法會不會給鸚鵡帶來危險？

　　先前聽過一個前輩分享，他有兩隻自己非常喜歡的金太陽鸚鵡，平時也都會跟著他到處進行放飛訓練，與主人培養出非常好的默契，甚至可以跟著主人到處參加公益演講活動。不過有次因為一場大雨，金太陽就在大雨當中不幸被雨水嗆死，後來經過專業的急救之後仍然不幸去世。

　　藉由這個例子我們可以知道，其實豪大雨落在鳥類的身上且鸚鵡沒有辦法閃躲的時候，就有可能會讓雨水「灌進呼吸道」，輕則嗆到、嚴重一點為嗆傷，更嚴重些就會因為雨水阻礙鳥類正常呼吸而休克，所以保險起見，我還是會建議各位以人工方式讓體型比較小的鸚鵡進行沐

▲ 淋過大的雨可能讓鸚鵡嗆傷死亡

浴，如果鸚鵡自己不願意洗澡，千萬不要太過強求，也不要使用過強的水柱，看似柔軟的水加上「壓力」後，會變成非常強的力量，很有可能傷害到家裡的寵物鳥。

貼心分享

　　我們家的鸚鵡非常喜歡在我洗手的時候靠近洗手台，接著慢慢從我的肩膀沿著手臂走下來，鼓起羽毛拍動翅膀，這個動作就會讓我知道鸚鵡想要洗澡了。我會用水塞把洗手台的水堵住，鳥寶就會跳進去自己洗澡，這個行為我也覺得非常有趣；大家如果想要測試自己家裡的鸚鵡想不想要洗澡，或許也可以跟我用一樣的方法，偷偷地測試一下家中鸚鵡的想法喔！

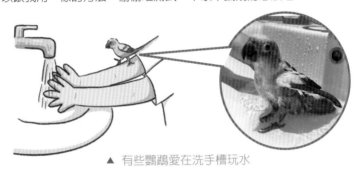

▲ 有些鸚鵡愛在洗手槽玩水

　　很多養過鸚鵡的人都會發覺，儘管主人竭盡所能的想要給鸚鵡最好的沐浴用品，但是鸚鵡總是喜歡跳進喝水的容器裡洗澡，反而我們給澡盆有時候會讓鸚鵡有過度的壓迫感，總而言之，對於鸚鵡的訓練或者是生活上的大大小小事情，不要強求，順其自然才是飼養上面的不二法門！

▲ 鸚鵡大多都愛跳進喝水盆中沐浴

Chapter 7

潛藏在日常中的
鸚鵡生活危機

鸚鵡的日常生活中其實不如人們想像的安全，尤其是對於中小型的鸚鵡來說，居家環境對生物體本身的威脅可不小。我們家的金太陽鸚鵡妹妹也曾經因為趾甲過長，而發生了流血的意外，看到血的鸚鵡總是會發了慌的四處亂衝，該怎麼面對這些緊急狀況呢？在本章節將帶你了解更多暗藏在生活中的危機。

傳統的飼養方式在這幾年間已經開始被大量推翻，有些飼養方式被強烈質疑是在虐待動物，鳥類獸醫師也肯定錯誤的飼養方式很有可能讓鸚鵡的腳爪病變，造成嚴重的後果；而長期的影響總是從生活中一天一天累積下來的，有些事情雖然看起來微不足道，但我們還是必須謹慎處理，像是寄生蟲以及禽流感的議題，會不會影響到家中的鸚鵡呢？

家中暗藏的危險最常被忽略

地點性危險

▶ 鸚鵡跟主人一起睡覺是危險的行為

被窩

被窩溫暖又柔軟，怎麼會暗藏危險呢？

這讓很多人都難以想像，而且鸚鵡跟主人一起活動甚至一起睡覺都可能發生在每一位鳥奴的家中，但是不瞞大家說，「被窩」其實奪走非常多鳥寶的性命，許多鳥寶都是在被窩窒息死亡，通常都是飼主帶著鳥寶一起睡覺，或是有時鳥寶自己跑進去被子裡，尤其是主人睡著之後鸚鵡被悶住，由於棉被太重沒有辦法及時逃出。

因此建議飼主讓鳥寶「遠離被窩」，如果飼主跟鸚鵡在房間或被子附近時，飼主須全程看顧鳥寶的狀況，即便是大型鸚鵡，若被人翻身時壓到也很難成功逃出。雖然跟鳥寶一起睡覺的感覺好像很溫馨，但為了避免憾事，還是讓鳥寶回自己的窩休息會是比較好的選擇。

　　當鸚鵡有自己的區域會比較有安全感，穩定的睡眠習慣也會讓鳥寶的性情比較安定，規律的生活更可以提升生活品質以及健康狀況，最重要的是養成良好的飼養習慣可以讓鸚鵡遠離危險，避免悲劇的發生。

廚房

　　雖然大家都知道廚房是一個非常危險的地方，除了油煙對鸚鵡的呼吸道是很大的負擔之外，在廚房中還有其他的危險工具，例如：刀具。個性純真的鸚鵡就好像天真的孩子一樣，對這些危險物品未必有警覺心，特別是當主人在煮東西的時候，不間斷的聲音加上聲光效果，鸚鵡更可能會覺得很興奮，往往意外就這樣發生了！

　　在廚房裡負責加熱的電器用品，例如電鍋的蒸氣……都是很危險的，之前就發生過不少的案例是鳥寶掉到滾燙的火鍋裡，雙腳和下身都嚴重燙傷，完全出乎飼主的預料，大家千萬要注意。

◀ 電鍋的蒸氣容易造成
寵物鳥受傷

燙傷對小型的動物來說非常嚴重，若鸚鵡身體的皮膚組織壞死，有可能就要面對截肢的手術，才能夠保住小命。鳥寶在家中進行放飛活動時，我們沒有辦法精準預測鳥寶下一步會做些什麼，更不知道鸚鵡的好奇心有多強！鸚鵡也有可能平常都乖乖的不會亂飛，但是如果突然飛到廚房，碰到任何的危險物品，造成生命危險的機率都會變高，所以「廚房」是我們必須注意提高警覺的危險地點之一。

吊扇

「吊扇」在家庭中也奪走過非常多鳥寶的性命，快速的旋轉速度出現在鳥類的飛行範圍當中，彷彿變成一個可怕的兇器。許多鳥寶都在家中飛行的時候，一個不注意被吊扇打斷雙腿和翅膀，這種意外都來得非常突然，造成嚴重的開放性傷害時，也有可能失血過多而死亡。

若有養鳥的家庭，可能就要考慮清楚家裡裝吊扇對鸚鵡的危險性，或是當鸚鵡放風時「不要啟動」吊扇。任何旋轉的機械工具，鳥類都很難招架，就算全程盯著鳥寶，也無法阻止鳥類喜歡飛到高處的天性。有些人也會建議使用「無葉片的」電風扇最安全，如果使用一般直立式電風扇，上面可以套防護網，避免鳥寶的腳卡進去，為鸚鵡提供多一層的保護。

▲ 鳥寶放風時切記關閉吊扇

▲ 電風扇保護套可防止鸚鵡的腳趾遭到意外切傷

藥物性危險

殺蟲劑

　　殺蟲劑在一般家庭中可能都會有添購，爲了維持環境整潔以及避免過多蚊蟲影響生活，因此會選擇使用殺蟲劑去移除有害生物。但是鳥友們若有需要使用殺蟲劑的需求，儘量在室外進行噴灑，千萬不要在室內噴灑，因爲調皮的鸚鵡很愛東啃西咬，鳥寶誤食後很可能會中毒，中毒的鳥寶最後可能會嘔吐、抽蓄，甚至癱軟，死亡速度很快，許多飼主還沒搞清楚鳥寶是什麼狀況，鳥寶就離開了。

　　所以如果你眞的有使用殺蟲劑的習慣，平時鳥寶活動的環境也必須相當留意，免得我們回頭的時候看見鳥寶口吐白沫就眞的無能爲力了。建議大家可以使用天然或對寵物無害無毒的除蟲產品，可以友善環境同時保護家裡的愛寵。

▲ 殺蟲劑很常被忽略會對鳥類造成傷害，在室內與鸚鵡共處的環境應避免使用。

▲ 甜味的感冒糖漿對鸚鵡來說也是隱藏的危險

藥品藥水

　　人吃的藥品或藥水也要注意別讓鸚鵡碰到了，尤其是像感冒糖漿這種會有甜味的藥品，鸚鵡如果聞到或看見，也是有可能去吃看看；大家家中的藥品建議要有一個藥品櫃，或是用藥品盒整理膠囊，置於鸚鵡無法輕易啃咬的地方。

黏鼠板

老鼠對鳥寶而言也是威脅，但是黏鼠板對鸚鵡來說將會是更大的威脅！不知道大家有沒有看過野鳥被黏鼠板沾黏的畫面，這對野生動物來說簡直是悲劇。動物不小心爬上黏鼠板之後，越掙扎反而會越黏越緊，還有可能直接撕下動物的皮毛，造成悲劇。

如果要趕走老鼠，除了黏鼠板以外還有別的方法，例如捕鼠籠就是比較安全的機制。若鳥被黏鼠板黏到，羽毛會嚴重受損，更無法順利飛行，鳥也會非常害怕；若有鳥類不幸被黏到，可以灑麵粉慢慢將鳥寶和黏鼠板分開，接著使用橄欖油除去黏鼠膠，千萬不能硬把鳥寶扯下來，非常有可能會直接把整層皮毛都扯掉。

◀ 黏鼠板非常危險！
容易讓鸚鵡受到
生命威脅。

太誇張！暗藏家中的 10 大「奪命危險」？
每隻鳥都可能接觸過的隱形殺手！

YouTube

其他危險

門

有不少鳥寶被門夾到的案例，飼主關門或開門前最容易發生意外。體型很小的鸚鵡若不幸被夾到四肢可能很容易就會斷掉，若夾到頭部可能會造成神經受損，往後可能無法飛行、抽蓄、全身癱瘓等，鳥寶後續的照護除了很花錢花時間外，對鳥寶的心理傷害也很大。

人類的雙腳、插座、電線……

　　鳥類與其他寵物比起來真的相對脆弱很多，有時只是人類的雙腳就有可能變成奪走鸚鵡生命的利刃。養鸚鵡就像是養小孩一樣，要注意的地方很多，很多我們當作「日常」的事情，像是插座、電線，只要經過鸚鵡的嘴巴「加工」過後，所有後果將都可能會截然不同了！

　　你以為養鸚鵡很簡單嗎？養鸚鵡的前輩絕對不會這麼說，承擔一個生命的重量，是很不容易也很值得我們珍惜的。在食物鏈當中鸚鵡不太具有優勢，比起貓狗這些寵物，鸚鵡就像是一支羽毛一樣脆弱，要我們仔細地捧在手掌心，多花些心思把家中的環境打造得更加安全，成為鳥寶最貼心的守護神。

▶ 養鸚鵡就要守護著他一輩子

外出可能會發生的危險

講完了室內會遇到的危險，接著來談談室外的。承接最後的食物鏈概念，鳥寶有可能面臨著哺乳類動物的追捕，在野外的環境還需要了解「鳥吃鳥」的可怕現象！

為了保護鸚鵡或者防止鸚鵡飛失，有些飼主會選擇使用「修剪飛行羽」的方式來防止鸚鵡飛得太高太遠，不過這樣的做法是合理的嗎？鸚鵡在外出時還有能遇到什麼危險，我們帶鸚鵡出門又該注意什麼呢？

▼ 戶外最需要擔心的是遇到「吃鳥的猛禽」

鳥吃鳥

基隆市的市鳥，也就是猛禽「黑鳶」時常在港口邊等待著魚群成為他們的食物，在基隆是屬於一種很容易見到的鳥類。隨著生態保育的觀念興起以及大眾對於野鳥生態的關注，我們也可以看到越來越多人喜歡觀察黑鳶的生態，除了黑鳶這種猛禽在台灣很容易在戶外見到，大冠鷲更是其中一種戶外會出現的猛禽，這些鳥類對於自然環境非常重要。

不只是維持生態鏈的平衡，鳥類的動態與習性也成為了現在很重要的教育議題，不過對於養鸚鵡的人來說，當我們帶著家裡的寵物來到了戶外，

就必須相當注意猛禽的威脅，對於野生動物來說，並不可能因為看到的獵物是寵物就選擇退避三舍，頂多是因為旁邊有人而不敢靠近，寧願選擇其他更容易抓到的獵物，但是某些比較不怕人的猛禽也是有可能直撲寵物鳥而來，這個現象被稱作為「鳥吃鳥」。

鳥吃鳥的現象有發生過嗎？

當這個現象發生的時候絕對超乎我們想像，老鷹有可能以極為快速的速度，來到我們的身邊用鋒利的爪子抓走寵物鳥，也有可能飛進住家環境，在窗戶沒有關閉的情況之下，把獵物給抓走，接著飛上天空，飛得又高又遠，很遺憾的這些寵物鳥就完全成為了猛禽的食物或者是育雛的蛋白質。

以都市常見的鳳頭蒼鷹為例，從猛禽研究協會的即時錄像可以看見，鳳頭蒼鷹會去抓五色鳥、斑鳩、鴿子等體型比較小的鳥類，回到幼鳥的巢穴分食；為了保護家裡的寵物鳥，必須要隨時注意天空的狀況，耳朵也可以提高敏感度聆聽附近是否有猛禽的叫聲。

個人建議如果到了野外，或是猛禽特別容易出沒的地方（如山上），讓鳥寶待在籠子裡面會是比較好的選擇，上方蓋上一些遮擋的布可以讓安全性提高，避免猛禽在天空盤旋時一眼就看到寵物鳥，激發心裡獵食的欲望。

▲ 基隆八斗子常見黑鳶出沒，帶鸚鵡前往飼主需提高警覺。

鸚鵡該剪羽嗎？

　　鳥類以**翅膀**與羽毛的特殊結構加上強健的肌肉使其足以在天空中飛行，翅膀屬於鳥類相當重要的部位之一，羽毛更是會影響鳥類求偶與繁殖，也因此「剪羽」這個行為在這幾年被不斷檢討，更是思考著這樣無條件剝奪鳥類飛行權利的行為是善意又或者是虐待？

　　2020 年 10 月 15 日，台灣有一則新聞報導了疑似虐鳥的飼主，在臉書放上鸚鵡被剪去鳥喙的照片，後來經許多愛鳥人士的檢舉，動保處到飼養現場檢查飼養狀況是否有異狀，檢查人員發現這隻鸚鵡的嘴巴確實有缺損的樣子，但主人則是聲稱這是原本在寵物店就長這樣，是他去領養回來照顧的。但後來動保處將鸚鵡送到獸醫院請獸醫師驗傷後發現除了鳥喙之外，連飛行羽也都有被修剪過的痕跡，後來因為違反動物保護法第 30 條，飼主被處以 15000 ～ 75000 元罰鍰。

　　飛翔對鳥類的身體健康十分重要，失去飛行羽的鳥類無法有效運動，隨著長時間習慣改變後，將來鸚鵡的身體肌肉量會下降，也會開始產生肥胖等疾病問題，失去飛行羽的鸚鵡更是在生活中會產生更多危險，像是在前面內容提到的「家中危險」，對剪羽後的鸚鵡來說更是可怕。

　　問題是，鸚鵡真的適合剪羽嗎？

　　我不大支持讓鸚鵡失去飛行能力，我也很喜歡看見鸚鵡在家裡飛翔的姿態，看這些鸚鵡拍動翅膀，心中也會覺得非常快樂。在臺北市立動物園當中的鳥園，也是讓鳥類都保有飛行能力，可以在比較受到控制的空間當

中飛翔，遇到危險的時候有了飛行的能力也更好逃跑，所以我會建議大家讓鳥兒保留自己的飛行羽喔。不過，剪羽的合適性因人而異，最後還是需要評估自身飼養環境再決定喔！

與野鳥交朋友危險嗎？

　　台灣擁有豐富的生態環境，也有很多常見的野生鳥類會出現在我們的身邊，例如：麻雀、鴿子、斑鳩等，有些人帶鸚鵡外出的時候，可能會想要讓家裡的鸚鵡「交朋友」，試圖讓鸚鵡跟其他鳥類互動，不過這樣的交流是否會有隱藏的危險？

　　其實我並不建議大家這麼做，野生動物的身上不免會有些許的寄生蟲，不管是體內寄生蟲或體外寄生蟲都有可能，野鳥可能會靠近籠子附近去找食物吃，只要保持適當距離無傷大雅，但是如果我們主動讓鸚鵡靠近野鳥，很有可能將禽流感的病毒藉由風的引導傳染給家中的孩子，有時變異的禽流感病毒株可能變成「人畜共通的傳染病」，例如：H1N1。

　　如果外出的時候看見野生鳥類，秉持著不接觸、不餵食、不驚嚇的三不原則，讓家裡的鸚鵡跟野生動物保持的安全距離，看到其他的貓狗寵物也要特別注意，避免家裡的愛鳥成為了哺乳類動物的玩具，萬一不注意不小心致命，後果更是不堪設想。

傳統飼養方式帶來的致命危機

隨著不同時代的更迭以及各種科技研究的進步，鳥類醫學與健康議題開始備受重視，養鳥的風氣與習慣巧妙地發生變化，養鳥的目的也從原本的「觀賞」變為「陪伴」，也因此大家會希望家裡的寶貝可以陪伴自己時間長一點，健康一點，所以許多養鳥的傳統觀念在這幾年來被熱烈討論。

瓜子主義

以前大家對鸚鵡的印象都是以為鸚鵡很擅長撥開葵瓜子，包括了我們去到休閒農場或者訓練師跟鸚鵡互動的時候都是餵食葵瓜子，所以久而久之大家就都認為鸚鵡應該要吃「葵瓜子」。大約幾十年前鸚鵡開放進口之後，大家也不知道要餵食什麼食物，而價格最便宜鸚鵡又最愛吃的東西就屬葵瓜子了，因此老一輩的養鳥觀念幾乎都是給鸚鵡吃大量的葵瓜子。

葵瓜子不好嗎？其實不然，葵瓜子跟其他堅果一樣，擁有高油脂的特性，在秋冬來到的時候，鸚鵡可以從葵瓜子得到很多熱量，又因為脆脆香香的味道，讓大大小小鸚鵡們都愛不釋手，但是過量的葵瓜子卻很有可能變成生活上的暗藏危機。100% 葵瓜子的餵養習慣，讓鸚鵡不知不覺「只愛吃葵瓜子」，其他食物跟葵瓜子比較起來就對鸚鵡失去了

▲ 鸚鵡偏食只吃葵瓜子，容易造成脂肪瘤的問題。

吸引力，偏食的開端也總是這樣發生。

　　葵瓜子的油質高，如果鸚鵡偏食只吃葵瓜子的話，不只是身體的營養攝取會不均衡，有時候也會對其他食物失去「嘗鮮」的欲望，甚至導致「脂肪瘤」，可能需要開刀才能解決；因此傳統的飼養鸚鵡方式也日漸被重新調整，觀念也更新，才不會因為讓「吃」變成了致命的危機。

全年站台主義

▼ 桌上型鸚鵡小站台

　　站台的使用對老一輩的人來說就屬於「標準配備」。鸚鵡應該要養在哪裡？我認為「站台」並不是唯一答案。

　　不過以前的人很難想像站台也可能讓鳥致命。最典型的例子就是「禽掌炎」，當鸚鵡身體不適後，沒有一個平面休息空間，鸚鵡很可能虛弱一倒下就被吊掛在半空中無法動彈了。

　　全年站台主義現在被認為是不人道的飼養方式，鸚鵡不該被囚禁在一根冰冷的站台上度過春夏秋冬，鸚鵡更不是招財貓，不應該只是被擺在店門口作為負責表演以吸引客人上門的員工。動物的福利近幾年來不斷的受到重視，也讓站台飼育的文化式微，「站台」的角色定位變成了「遊戲場所」。

　　沒有了鎖鏈，讓鸚鵡在家中可以自由自在的在「原木咖啡樹」上面爬上爬下，同時上面也可以裝設不同的玩具設備，現今的養鳥文化已經變成了很不一樣的方式。

鸚鵡獨自顧家時必須注意

　　養鸚鵡免不了會遇到自己需要出門的時候，短至出去便利商店買個飲料的時間、長至出國，鸚鵡在斷奶之前會建議大家一定要把鳥寶帶在身邊照顧，幼鳥身體比較脆弱，飲食上也須依靠人力輔助。

　　鸚鵡長大以後，當我們要出門、想讓鸚鵡在家裡「顧家」時，應該注意那些生活上的危險？有什麼關鍵設備可以添購呢？

食物與水源

▶ 滾珠式寵物飲水器

　　乾淨的水源絕對是必要的，鸚鵡的水杯不建議只給一個，可以提供兩個左右不同樣式的供水系統，包含了一般吊掛的水碗，或是滾珠式寵物飲水器（要確定鳥自己會用），如此一來就可以避免水源不足，或是任何一個裝水的容器不小心被潑灑後，鸚鵡變得沒有水可以喝。

　　再來就是食物的準備，如果要大量準備的話，可以事前先評估鸚鵡每天所食用穀物鮮果飼料的克數，將一隻鳥每日吃的克數 × 出門天數＋鳥寶體重的 50%，可以大致去評估我們出門需要放多少食物給鸚鵡才是足夠的，萬一我們要出門才不會因為食物不夠，讓鸚鵡餓肚子了。

　　我們日常生活中時常提供的新鮮蔬果也要注意，如果比較長時間不在

家，沒辦法把未吃完的食物清理掉，就儘量提供易保存的乾糧與乾燥蔬果，避免因長期下來滋生細菌被鸚鵡吃下，這點也是餵食鸚鵡與照護鸚鵡尚須留意的小細節。

食物保持乾淨、新鮮、乾燥很重要！

繩索安全

我們如果要出遠門的話，籠子裡面的繩子必須移除，在我們的視線無法及時看見的情況之下，單單一條繩索就可能因套著鸚鵡脖子而造成窒息的威脅；所以如果要出門的話，寧可讓玩具不要那麼多，選安全的幾個來裝設就好，鸚鵡無聊的時候可以玩玩具，玩具不放的過度密集也可以讓鸚鵡的籠子空間變多，即使人不在家的時候無法讓鳥寶出籠放風，鸚鵡有了足夠的空間仍然可以在籠內活動，舒展筋骨。

「繩索」對鸚鵡真的蠻危險的，先前我自己就有遇過鸚鵡在無意間不小心把繩子勾著自己的脖子，在掙扎的過程中繩索容易越拉越緊，緊張的鸚鵡便會動彈不得，嚴重一點吸不到氣可能就離我們而去了，好險當時人在旁邊，趕緊用剪刀剪斷繩子，才讓鸚鵡可以從鬼門關前逃出來，這個珍貴的教訓大家一定要牢記在心。

監視器

　　我自己出門後都會習慣裝一個網路監視器，用手機就能夠即時知道鸚鵡的一舉一動，監視器可以旋轉，檢視鸚鵡的安全狀況或是食物量，萬一在監視器上看到發生了緊急情況，才有機會趕緊回家爲鸚鵡解決。現在網路攝影機越來越普及，只要家裡有 WI-FI 就可以隨時地看到鸚鵡的一舉一動，有些甚至還可以撥打電話，讓鸚鵡在家裡還可以聽見主人的聲音，讓鸚鵡覺得我們人就在他身旁。

　　監視器未來可能會變成養鳥人必備單品，需要人陪的鸚鵡在環境上多了個可互動式的機器，讓主人與鳥兒的距離拉近，減少分離的時間，可以降低鳥兒看不到主人時的分離焦慮。中大型智商較高的鸚鵡特別適合，有時甚至還可能無意間錄下鳥寶自己私底下的一面或者說話的樣子（畢竟有時候鸚鵡是自言自語的時候才會講話的），其模樣更是相當有趣。

▲ 網路攝影機幾乎成為上班族養鸚鵡的必備單品

家中環境衛生會影響鸚鵡健康

影響鸚鵡健康的要素之中，「衛生」佔有很大一部分的比例，過度囤積排泄物除了會有味道之外，更會吸引昆蟲、蒼蠅等帶有傳染疾病的病媒，除了病菌變多導致鸚鵡容易生病之外，骯髒的環境可能降低鸚鵡的食慾，讓鸚鵡的進食量下降，隨之而來的是體力喪失，鳥兒會變得越來越虛弱，所以就算環境整潔聽起來是微不足道的小事，也是攸關鳥寶們的生命。

如何簡單清理環境

不論是大中小型的寵物鳥，我都會推薦大家購買廚房用的餐巾紙，纖維較粗、厚度較厚，用餐巾紙墊在籠子底部的網子上面並且每日更換，如此一來整理環境就會變得容易許多，鳥兒的排泄物也比較不容易卡在底部細網的小縫。在每天更換餐巾紙之後，用濕紙巾擦拭籠子附近沾黏的塊狀物，趁早在硬化之前都是很容易清理的；但要注意排泄物如果附著底盤太久，硬化之後就是需要用刮刀等工具才能完整清潔了。

▲ 餐巾紙對於鸚鵡的衛生照顧來說很實用

有些鸚鵡吃東西比較容易把撥下來的殼四處噴灑，造成環境髒亂不堪，推薦大家也可以去添購防潑的籠子圍網（彈性細網），我個人用起來是覺得很方便，CP 值很高，套在籠子的周圍就可以大大的減少往外撒出的問題，如果大家家裡的鸚鵡跟我們家的一樣調皮，或許也可以試試這些好物，大大的幫助你整潔家中環境喔！

▲ 防潑灑圍網可避免食物向外潑灑

清理環境的頻率

一般室內的餐巾紙我會建議「每天」都要更換，避免因為溫度上升或者量多產生味道；「每週」可以選一天把鸚鵡的籠子做一個大清潔，在室外用強力水柱加強清理，把一些無法除去的污垢碰水軟化後，進行完全的徹底清潔，並且以太陽光曬乾籠子，太陽光中的紫外線可以幫鳥籠達到很

棒的消毒作用，鸚鵡籠子裡的玩具、站板、吊床、樓梯等等都可以每週徹底洗過曬過，給鸚鵡用最好的，住在最乾淨安全的家。

除了陽光的消毒之外，大家也可以用酒精消毒，但是要記得先把鸚鵡抓出來，免得鸚鵡受到 75% 酒精的摧殘而無法負荷！鸚鵡的環境需要鳥奴們層層把關，讓肉眼看不見的病菌都遠離愛鳥的小窩，鳥兒就可以盡情暢快的在籠子裡面旋轉跳躍啦！

本章節說明潛藏在生活中的危險，介紹了許多實際發生在鳥友或是我自己身上的故事，都是想要提醒大家，養鳥有很多細節跟注意事項都是靠經驗換來的，如果我們可以多看多聽各種飼養分享，就可以少走很多冤枉路，一路快快樂樂的陪伴著家裡的每一隻鳥寶，平安幸福的慢慢長大。

▲ 飼養鸚鵡必須時常保持環境整潔，鸚鵡才能快樂健康。

Chapter **8**

認識鸚鵡的發情期

鸚鵡性成熟階段的 7 個知識

　　鳥類屬於卵生動物，在性成熟後，除了會觀察到鸚鵡的日常行為有些變化，我們也可以看見鳥寶的飲食習慣好像也有點不同，有時候甚至出現「奇怪的動作」，讓飼主覺得滿頭問號，不知道此時應該要怎麼應對。本章節將仔細分析鸚鵡發情期所會遇到的各種狀況，以及應該如何應對，以七個重點內容先帶大家了解「鸚鵡發情期！」

只有一隻鳥也會生蛋

　　養貓狗等哺乳類寵物的飼主，可能無法體會這種神奇的現象，在雌性鸚鵡的身體夠成熟，同時自身的營養都十分充足的狀況之下，就有可能會產下鸚鵡蛋，這個現象就像是「母雞生蛋」。被圈養專門產雞蛋的農場，通常都是養一大群單一性別的鳥禽，即使沒有雄性的個體，他們仍然會找一個舒服且安全的位置，把床鋪好並產下珍貴的卵，而這些未受精的卵就是我們在市場上面看見的雞蛋。

▲ 生蛋是鳥類寵物神奇的生理現象

同樣的現象發生在鸚鵡身上，不得不說，我不確定鸚鵡是不是有點兩光，常常在鸚鵡的下蛋記錄中會發現，飼主似乎都是在籠子的下方撿到已經摔破的蛋，而鸚鵡常常都一副事不關己的樣子。如果家裡只有養一隻鸚鵡，而且是一隻母鳥，我們也必須有心理準備，下蛋的現象是屬於正常的，如果突然看見也別嚇到，只需要正常的清理乾淨即可，等鸚鵡的生理週期結束後，就不會一直生蛋了喔！

▲ 寵物鵪鶉所生的蛋

小型鸚鵡容易發生卡蛋

　　平時營養充足的鸚鵡特別容易下蛋，特別是如果各位有餵食「蛋黃粉」這種高營養、高油脂的營養品，都可能會提升鸚鵡下蛋的可能性。雖然鸚鵡的生蛋行為是正常的，但是如果「過量產蛋」是有可能造成鸚鵡的生命安全的。講到這個議題，桃面愛情鳥就是很常被討論到的鳥種，因為桃面愛情鳥在發情時，有不少案例都發生過「卡蛋」的意外事件。

　　所謂的「卡蛋」意指鸚鵡要生的卵卡在泄殖腔無法順利排出輸卵管，卡蛋是非常嚴重的，有時更會導致堵塞，要是發生這樣的狀況有高機率會死亡，有些人也會稱作「狹蛋症」，當鸚鵡發生卡蛋的狀況會有幾個特徵：

1. 精神狀況不佳，四肢無力

2. 呼吸不正常，行動異常

3. 下腹明顯膨大，食慾下降

如果各位觀察到這三點特徵，一定要提高警覺，要是鸚鵡發生卡蛋的問題，體力衰敗的速度是很快的，有時甚至幾個小時就會奪走鸚鵡的性命，特別容易發生在「營養不足、年紀較長」或者帶有其他疾病的鸚鵡，都會增加鸚鵡卡蛋的風險，所以如果各位發現家中的鸚鵡有疑似「卡蛋」的病症，千萬別疏忽一定要盡快帶到附近的獸醫院進行身體檢查。

▲ 卡蛋的問題相當嚴重

鸚鵡蛋可以電孵

　　一對鸚鵡交配生蛋過後，雙親共同撫育幼雛，經過了孵蛋、破殼、餵食之後一天一天羽毛慢慢長齊，好像是很合理正常的過程。不過在人類繁殖鸚鵡的技術成熟後，要孕育一個新生命就不是只有傳統的作法了。鸚鵡是一種個性很敏感的動物，在人工繁殖的狀況之下，鸚鵡有可能因為環境的改變過大（嚇到）或者是營養不足，而選擇吃掉自己所生下的蛋，補充自身的營養，為下一次的繁殖做足準備；為了要降低鸚鵡蛋損毀的風險，以及提高孵化的機率，以機器孵蛋的方式已經成為趨勢。

鸚鵡蛋的孵化機為胚胎提供均勻的受熱，也會隨著設定的時間翻動，平均每天翻轉 8 ～ 12 次，保持適當的濕度（前十天約保持在 50% 左右；16 天一直到出殼時，濕度應增加到 70% 至 80% 左右），而通常孵化的天數也不會誤差太多，以和尚鸚鵡舉例，孵化期約 21 天左右。許多鸚鵡的繁殖戶也會去收購有受精的鸚鵡蛋，進行「電孵」獲得幼鳥，不過一般家庭所飼養的鸚鵡生蛋量不多，一般會建議如果觀察到鸚鵡已經開始自行配對並且產下鸚鵡蛋，建議提供鳥寶安全、安靜、安心的孵蛋環境，讓鳥寶自行照顧自己的蛋，對於飼主以及孩童來說，觀察此現象也是相當珍貴的生命教育。

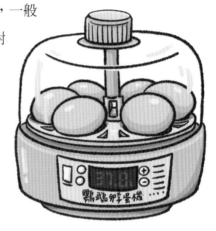

▶ 孵化機能讓鸚鵡蛋均勻受熱、定時翻動，並且維持適合的濕度。

▼ 孵蛋機加裝心跳偵測儀器，可得知受精鸚鵡蛋孵化的狀況。

心跳偵測儀器

▲ 用孵蛋機孵化的大金黃錐尾鸚鵡

腳環

▲ 人工繁殖的雛鳥在 15 天內
會裝上腳環

未受精蛋如何處理

　　我們該如何判斷鸚鵡蛋是否有受精呢？首先如果飼主有觀察到公母鳥
有實際「交尾」動作，基本上就會有比較高的成功受精機率，但是有時候
鸚鵡會在晚間或巢箱內進行，所以也不見得能夠觀察此行為。

　　因此有些繁殖鸚鵡的專家就會在鳥類的卵孵育大約 1 ～ 2 週時，取出
並在光源穿透蛋殼時，仔細檢查有沒有出現「血絲」，如果有的話就代表
著這是成功受精的卵；但這樣的動作是很有風險的，中大型鸚鵡的個性很
敏感，如果自己的蛋被取走後，聞到鸚鵡蛋上面殘留不同的氣味，就可能
會啄破自己的蛋，所以說很多被取出的蛋如果真的有看到血絲（有受精）
就會偏向使用「電孵」的方式降低風險，確保鸚鵡蛋可以成功孵化。

如果發現是一顆「未受精」的蛋，腦海可能會浮出一個問題：「這個蛋要怎麼處理呢？」

其實破掉的蛋還比較好處理，清理乾淨就好，但是如果是一顆完整的蛋，丟掉好像又覺得可惜，留著又害怕臭掉，因為怕浪費，我還有看過飼主把未受精的鸚鵡蛋當作荷包蛋煎，雖然這樣做沒有不可以，但是好像也有點太小顆了，所以大家大多數都還是丟到廚餘，或當作垃圾處理掉。

▲ 檢查蛋是否有血絲可作為受精的判斷標準

▼ Jack 採訪稀有鸚鵡培育專家

發情期會不舒服

　　發情期的鸚鵡有時候個性上會變得比較暴躁，跟飼主的互動關係也會有微妙的變化，尤其是當鸚鵡成功配對之後，很有可能為了保護自己的另外一半，反而對自己把屎把尿的主人大開殺戒、張嘴就是一口，有時因為身體的激素發生了變化，很多人都會發現發情期的鸚鵡脾氣變得很暴躁，此時飼主應給予鸚鵡適當的空間好好休息，減少環境上的干擾。

　　不過就算是在鸚鵡的發情期或繁殖期，也要注意兩隻鳥的互動狀況，變暴躁的鸚鵡可能會對另一隻鳥發動攻擊，像是互相打鬥甚至互相拔毛，這些平時幾乎不可能發生在一對鸚鵡身上的事情，都可能在鸚鵡發情期這個階段產生，如果兩隻鳥已經打鬥太嚴重了，也一定要介入將兩者先分開，否則情況加劇也是可能讓雙方兩敗俱傷的。

▲ 發情期的鸚鵡可能會互相打鬥

　　發情期對飼主來說是一個很辛苦的階段，鸚鵡輕則「吐料、磨屁股、搖奶昔」重則「咬毛、咬人、攻擊同伴」，如果產蛋不順利還可能會「卡蛋」危及性命；所以只要飼主觀察到任何鸚鵡發情期的徵兆，必須隨時提高警覺，注意營養是否充足，足夠的日照以及沐浴也可以幫助鸚鵡減緩發情期的燥熱和不舒服的感覺。

鸚鵡發情該如何應對？

鸚鵡發情期隨之帶來了許多跟平常不一樣的表現，飼主在生活照護上須注意幾點：

1. 補充鈣質、維生素營養品

可提供鸚鵡「加護粉」、「鈣粉」並參考獸醫師建議提供充足的維生素，天氣炎熱時可提供電解質以及充足水份，維持身體健康。

2. 多提供「原型食物」或以「覓食型玩具」餵食

加強鸚鵡攝取種子的困難度，轉移動物的注意力，生活上可以變得比較豐富，提供原型食物可讓鸚鵡多花時間在吃東西上面，同時也能幫助鸚鵡發洩精力。

3. 沐浴、曬太陽

鈣質的吸收需仰賴陽光當中的 UVB 紫外線，幫助生物體合成爲維生素 D，提升鈣質的吸收效果，同時給予補充鈣質的食品（如：鈣粉、墨魚骨、墨魚骨粉）都是很好的選擇。

▲▶ 陽光對鸚鵡的健康
來說至關重要

4. 移除適合「當鳥巢」的物品

如果要抑制鸚鵡發情便需要讓鸚鵡覺得「這裡不適合繁殖」！如果飼主沒有計畫要讓鸚鵡繁殖的話，在籠子內就不建議置放過多會引起鸚鵡發情的物品，常見的像是鸚鵡帳篷、巢箱等等，或是會讓鸚鵡興奮的小玩偶，這些都會讓鸚鵡發情行為加劇。

5. 避免刺激鸚鵡發情

鸚鵡在野外尋找配偶時，會以互相整理羽毛的方式增進關係，交尾階段公鳥也會踩上母鳥的背部，示意進行交尾的舉動，若要避免發情，儘量避免觸摸鸚鵡的屁股（泄殖腔）以及背部，可減少行為上的刺激，減緩鸚鵡的發情衝動。

該幫鸚鵡找同伴嗎？

鸚鵡如果都已經發情了，代表著家中的鸚鵡已經進入適合繁殖的階段，那我們是否要幫鸚鵡找一個同伴讓鸚鵡繁殖呢？一個生命的誕生需靠著許多外在因素支持，包括了我們是否有足夠的空間繼續飼養鸚鵡，以及未來鸚鵡可能在繁殖期間會產生的風險、性格的轉變，這些我們是否都能夠接受？

一隻鸚鵡對人會有強烈的依賴，但是當鸚鵡的生活中開始出現另外一個同伴，而且相互配對之後，對人的依賴度將會逐步降低，可能我們的愛對鸚鵡來說也可能慢慢淡化，尤其是真的配對成功，為了保護自己的蛋或是孩子，鸚鵡有時甚至會攻擊原本的飼主，所以這也是部分飼主選擇讓鸚鵡單身的原因；儘管這樣說好像有些自私，但是少了繁殖時的體力消耗，鳥寶的身體狀況會比較穩定，尤其鸚鵡在繁殖期間也很有可能會因為體力

透支而死亡，加上我們上述提到的「卡蛋」問題，所以鸚鵡應不應該配對繁殖又打上一個問號了。

我認為寵物鳥與人的互動性是非常珍貴的，除了遇到一個有緣分的鳥寶之外，須依靠長期的呵護與互動，才可以將主人跟寵物間的感情日益加深；如果沒有對鸚鵡繁殖特別有興趣的話，我是覺得沒有必要冒著死亡的風險讓家裡鳥寶配對繁殖，況且配對說實在的沒有很容易。

鸚鵡對於配偶也是有自己的準則，不是隨便選一隻異性的個體他們就一定會互相喜歡。如果兩隻鸚鵡太小就開始配對在一起，還有可能直接把對方視為玩伴看待，表面上看起來好像不會吵架，但是「好朋友只是朋友，還是朋友」他們還是不一定會成功相愛。

鸚鵡擇偶是很嚴格的！

最後，如果要為鸚鵡的發情期下一個結論，我認為「謀定而後動」才是最好的做法。有時太急躁的要為發情期的鸚鵡找一個伴，不見得會帶給鸚鵡正面的幫助。真的想清楚之後再決定要用什麼方法讓鸚鵡降低發情期的不適，提升鸚鵡與主人的生活品質，才是面對鸚鵡發情期的好方法。

Chapter **9**

了解鸚鵡的
內心世界

鸚鵡也需要陪伴喔！鸚鵡與人溝通的方式不像是人跟人之間以語言清楚地表達心意，通常主人要讀懂鸚鵡的心裡話，都是從鸚鵡表現出來的行為去推估鸚鵡的想法，有時候突然生氣咬主人，有時候甚至開始「自殘」咬毛，到底是什麼原因會讓當初回到家時呆萌的鸚鵡，性情有如此顛覆性的改變呢？

▲ 有咬毛現象的灰鸚鵡

▶ 2 年後恢復正常
的灰鸚鵡，羽毛
完整而亮麗，轉
變相當大。

　　本章將介紹養鸚鵡的真心話，除了跟大家分享一些我在經營鸚鵡飼育教學頻道幾年下來，看見了鸚鵡許多個性上特殊的層面，還有大家常問的問題，以及實際參與鸚鵡飼育產業後，大家對鸚鵡不同的想法，鸚鵡對人類的陪伴以及互動，甚至對於身心障礙的夥伴來說，是否能夠有所幫助呢？

關於換毛與咬毛

很多讀者都會很怕家裡的鸚鵡發生「咬毛的問題」，但是現在的觀念卻認爲「鸚鵡換毛」是正常的，也因此「換毛」與「咬毛」時常造成養鳥人的疑惑與焦慮，到底每天鸚鵡掉下來的羽毛是不是正常的？還是家裡的鸚鵡其實得了憂鬱症？

首先我會用三個判斷重點教大家怎麼分辨「咬毛」。

1. 脫落的羽毛不完整

我們可以撿起或收集鸚鵡換下來的羽毛，通常健康的鸚鵡就算有羽毛脫落也都會很完整漂亮，但是鸚鵡如果是負面的咬毛行爲，則會看見羽毛有不規則的破損或咬痕。

▲ 咬毛鸚鵡的羽毛有不規則的破損或咬痕

VS.

▲ 完整的健康羽毛

2. 皮膚是否禿

換毛階段的鸚鵡會「漸進式」的更換羽毛，不太可能掉毛掉到讓主人整個看見粉紅色的皮膚，羽毛對鸚鵡來說有多重要？不只是飛行依賴羽毛，也能幫助鸚鵡保暖以及裝飾自己（求偶）功能，所以野外健康的鸚鵡是很愛惜自己的羽毛的，如果觀察到鸚鵡的皮膚有「禿」的現象，就必須提高警覺，很有可能是咬毛了。

3. 鸚鵡的焦慮

鸚鵡為什麼會咬毛？其實沒有人能夠說出絕對正確的答案，前面提到羽毛其實攸關著鳥類在野外的生存與物種的繁衍，所以野外其實並不常見會咬毛的鸚鵡；但在人工的飼養環境之下，已經不需要花太多時間在「找食物」上面，且通常寵物鸚鵡心中的重心幾乎都是在自己的主人上，久而久之鸚鵡會開始焦慮，想要吸引主人的注意便會試圖去做些「主人會靠過來關心的事」，比較正面的就是「唱歌、說話」，負面的就會是「咬毛」了。

若要判斷鸚鵡是不是咬毛，也可以看看鸚鵡是否會有焦慮的行為語言，例如：左右晃動、眼神緊張、咬趾甲、咬毛。與主人的分離焦慮是在鸚鵡咬毛行為當中常見的原因之一，其他鸚鵡會咬毛的原因包括：重金屬中毒、營養不良、基因遺傳、體外寄生蟲等。

鸚鵡咬毛有可能會好嗎？其實這是有可能的，我會把鸚鵡「咬毛行爲」定義爲一種「暫時性的行爲異常」，但同時需要大量的時間與輔助才能夠將其行爲做良好的導正，最重要的就是要先找出咬毛的「背後原因」。

　　前一段有提到鸚鵡咬毛有非常多的原因，以及介紹鸚鵡是否是咬毛的判斷方式，如果大家發現自己家的鸚鵡疑似有咬毛的異常行爲第一步就是先帶去動物醫院檢查，給專業的獸醫師先採取鸚鵡羽毛的檢體，放在顯微鏡下觀察是否是體外寄生蟲「羽蝨」；如果說是因爲體外寄生蟲而讓鸚鵡咬毛，就會是比較好解決的了，根據獸醫師建議可使用正確且適量的藥物控制，或許咬毛行爲就會有很好的改善。

　　如果經過獸醫師檢查卻發現鸚鵡的身體各方面都很健康鸚鵡卻還是時常咬毛，就要開始檢查最近家裡是不是有什麼「大改變」，例如：幫鸚鵡搬家、換籠子、換食物、有其他鸚鵡夥伴加入、有大聲響、工作關係時常沒辦法陪伴鸚鵡。有些時候生活上突然有很大的改變，破壞了鸚鵡本身的生活習慣，也是有很大機率會讓鸚鵡很緊張的，所以在找出問題的過程當中需要仔細思考鸚鵡近1～2個月有什麼巨大的生活改變？

◀ 鸚鵡的生活如果有巨大改變，很可能使鸚鵡發生咬毛行爲。

找出鸚鵡咬毛的原因是解決問題的開始，且越早發現鸚鵡咬毛越能夠精準的抓出問題點，一旦咬毛時間拖久了，鸚鵡很容易養成習慣，把這件事情認為是「每天該做的事」。很不幸的，鸚鵡咬毛成為了習慣之後，就很常造成「棄養」，我們家的幾隻鸚鵡有些也是因為發生咬毛習慣而交託給我照顧，然而，這些養成咬毛習慣的鸚鵡該如何照顧呢？

為了要先排除鸚鵡咬毛上「營養不良」的可能因素，我每天都會盡可能提供新鮮且充足的食物，也定期的讓鸚鵡洗澡，並讓鸚鵡曬太陽，提供一個安全無虞的安靜環境，讓鸚鵡得以正常進食與自在地休息，讓生活回到穩定安心的狀態，可以讓鸚鵡重新調整情緒；很多時候鸚鵡換了一個環境，感覺到舒服自在以後，咬毛的行為就逐漸的改善了。

接下來就是必須得重新將人與寵物鳥之間的關係建立起來，這需要花很多時間，快則半年，慢則一年以上都有可能；要讓鸚鵡重新信任一個人非常不容易，需要花很多時間陪伴，包含了多多跟鸚鵡說說話，稱讚鳥寶，或者是用小零食讓鸚鵡願意跟自己開始互動，逐漸讓鸚鵡對自己產生信任感。

▲ 提供新鮮且充足的食物，能減少鸚鵡咬毛的機率。

在環境當中也要豐富化的佈置，讓鸚鵡有一些啃咬玩具，在無聊的時候有一些事情可以忙碌，避免一直專注於「咬毛」這件事情上。

▲ 黃色部分即為鸚鵡防咬頸圈

要徹底解決咬毛的問題，或許有些人會聽過「防咬頸圈」，用物理性的方式強制讓鸚鵡無法咬到自己的羽毛，強制改變其行為。這個方法並不是不可行的，但是要千萬注意拿捏，有些鸚鵡一被套上這些「防咬工具」就會停止進食，要是鸚鵡開始不吃東西，造成生命危險的機率也是存在的，因此無論是使用何種方式，要矯正鸚鵡咬毛的行為都需注意生命安全。

雖然鸚鵡咬毛讓許多人覺得沒有這麼美觀，但有些鳥寶卻是因為基因的先天因素所導致的，即便外表沒有很好看，卻還是每天快樂的唱歌跳舞，要是強制想讓鸚鵡完全短時間改變這個長時間養成的行為，所需付出的代價跟後果恐怕不是我們所期待，我認為鸚鵡的生活品質才是飼主要最在乎的。

◀ 鸚鵡的生活品質是飼主最在意的事情
（圖為紅寶石稀有金剛鸚鵡）

鸚鵡與自閉症總會

　　你能想像鸚鵡對人類的社會有何幫助呢？或許在過去的觀念與思維中，我們總是認為鸚鵡就是會學人說話的寵物，到了今天台灣的寵物市場與鸚鵡的繁殖逐漸蓬勃發展，鸚鵡已不是稀有少見的寵物，甚至轉化成為許多人的家人，而且對世界上的某些孩子來說，與鸚鵡之間的互動以及那份感動，更是極其珍貴的。

　　在拍攝影片的這幾年，常常研究鸚鵡與人類之間的關係，有一次受到前輩的邀請來到了自閉症總會，這對我來說真的感觸很深，我從沒想過鸚

▲ Jack 在自閉症總會進行公益演講

鵡對孩子的激勵，以及鳥類與孩子們之間可以有如此親密的互動。那天我帶著家裡的八隻鳥兒外加三隻陸龜，來到自閉症總會與孩子們分享這些寵物生活的點點滴滴，我看見許多孩子的目光完全專注在這些小動物身上，原先不喜歡與人互動的孩子也開始願意開口問我：「老師，我可以摸摸看鸚鵡嗎？」我才知道原來與動物互動的幸福，是大家都能夠感受到的。

或許在台灣還是有不少孩子因各種原因，無法接觸大自然的各種生物，希望未來可以持續在自然科學教育努力，將與動物們互動的喜悅跟更多小朋友分享，讓孩子們感覺到無助難過的時候，可以有對象訴說。有個對象可以傾聽自己的心聲，在徬徨的時刻可以多一點溫暖，讓自己的生活重新充電，這是我在養鸚鵡與拍攝鸚鵡內容多年下來，感觸很深的一段故事。

我說的就是這隻
灰鸚鵡——桃樂比

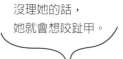
沒理她的話，
她就會想咬趾甲。

▲ Jack 與自閉症總會的孩子分享灰鸚鵡桃樂比咬趾甲的故事

「獎勵」與「斥責」的界線

　　心思細膩的鸚鵡可能會學習我們的行為、動作，甚至隨口的辱罵，下次鸚鵡無聊的時候可能就會飆出主人在生活中時常說的口頭禪。尷尬的是有時候主人會被鸚鵡出賣，如果有重要的客人來到家裡作客，鸚鵡突然說出那一句「x」！可能就會讓自己恨不得挖個洞把自己埋起來。

　　我們和鸚鵡的口語對話在鸚鵡的心中會產生放大效果，如果時常以愛來照顧鸚鵡，鸚鵡也會用愛來回饋主子；不過如果我們過度責備鳥兒，鸚鵡不只是會在無意間學習下來，更有可能會影響到鸚鵡的心理狀態，讓鸚鵡感受到被冷漠，還有可能引發鸚鵡的分離焦慮症，導致後續咬毛等行為，所以我們需分清「獎勵與斥責的界線」，但應該要怎麼稱讚鸚鵡呢？

　　當鸚鵡做出主人預期的事情或是在訓練過程中有好的表現，適當的讚美與獎勵是必要的，我會建議

▶ 口頭讚美對鸚鵡來說
　也是很好的獎勵

各位飼主「放大獎勵」。我們跟鸚鵡互動的時候，如果想要讓鸚鵡知道主人對自己的關愛，需要變得越來越浮誇。因為鸚鵡也是一種「情感豐富」的生物，從飼主的口語中傳達出的情感若是平淡無奇，鸚鵡不一定能夠感受到主人對自己的態度有何轉變，我們如果要稱讚鸚鵡或許可以使用「好棒喔！」、「Good girl！」、「Good boy！」這些稱讚語；同時注意讚美時的語調，讚美的語氣建議提高，會讓鸚鵡更加興奮，而且感受到開心的情緒，強化正向的回饋，更可以讓主人與寵物間的感情更加分！

　　但是當鸚鵡開始變兇，或是做出任何調皮搗蛋不受控的行為，也應該要做出反應，但是需要有適度的拿捏。太溫柔的責備會讓鸚鵡不知道主人表達的旨意，甚至有時候還會被鸚鵡誤以為我們在跟他們一起玩，反而繼續搗蛋、破壞環境；然而，對鸚鵡太兇給鸚鵡太大的打擊，會讓鸚鵡開始害怕自己，「記仇、記恨」總是在喝斥之後發生，最後總是需要主人又花很多時間才能調適，所以跟鸚鵡的溝通就很重要了。

▲ 鸚鵡有時也會調皮搗蛋，需要主人的耐心溝通。

我會建議大家如果在鸚鵡調皮的時候，應該降低自己的聲音頻率，用低音的方式說話，並且語氣肯定的說「不行！」、「NO！」，讓鸚鵡接收夠明確的指令，才可以讓鸚鵡先冷靜下來，知道這件事情是錯的，也可以讓鸚鵡先進去籠子裡面，主要的目的是讓鸚鵡不要繼續做錯的事情。同樣的情緒建議維持五分鐘左右，這項教育指令結束後，也不應該繼續用憤怒的態度對待鸚鵡，但是可以輕輕地跟鸚鵡說話緩和情緒，如此一來鸚鵡也比較不會因此記恨，雖然鳥寶被處罰了，最後鳥寶仍然感受得到主人是在乎鳥寶的，還是愛鳥寶的，這個方法是我認為在鸚鵡的教育上很適合也很實用的互動方法。

▶ 降低自己的聲音
　頻率，用低音的
　方式說話以改變
　互動模式。

鸚鵡怎麼突然變兇咬人

　　要是詢問養過鸚鵡的人最難解決的是什麼問題？或者是養鸚鵡之後，最不能夠接受鸚鵡的什麼行為？我想會有很多人的回答是「叫聲、排泄物、咬人」。鳥禽類的寵物有許多天性上的先備能力，只要開出大絕完全地發揮出來之後，就讓飼主們不知道該怎麼辦，其中最讓人苦惱的就是咬人了！

　　到底鸚鵡為什麼要開始咬人？鸚鵡咬人居然會見血？被咬下去居然會痛好久？關於這個問題，我們首先回到根本，先來探討鸚鵡為什麼會咬人？

▶ 鸚鵡喜歡咬人？

鸚鵡為什麼會咬人

　　鸚鵡有三種能力很厲害——模仿、智商、啃咬力，在野外的鸚鵡幾乎一整天都需要靠嘴巴生活，尤其是特大的啃咬力讓鸚鵡可以順利的爬上爬下，同時也依靠著這項特殊技能為他們的飲食上帶來好處，可以說是鸚鵡全身上下最重要的部位之一。鸚鵡也很喜歡用嘴巴去認識這個世界，像天

真的孩子一般，因此不論是家中的任何物品或是主人的手指都可能變成鸚鵡探索世界的一部分，這也是鸚鵡會咬人的最初原因。

　　小時候的鸚鵡咬人的力道還不會太大，不至於會讓主人嚴重受傷，但只要鸚鵡養成咬人的習慣，以後長大可能就會用咬人來表達情緒，像是生氣的時候就咬人、興奮的時候也咬人、害怕的時候更是一大口咬下，這些狀況也是飼主們所不樂見的事。

鸚鵡都怎麼咬人

　　鸚鵡咬人分成三種，首先鸚鵡有整理羽毛的行為跟習慣，在野外的鸚鵡配對之後，也會相互理毛來表達自己的善意，所以鸚鵡在人工的飼養環境之下第一種可能會咬人的方式是「輕輕的咬」，頻率比較高而且動作很輕、很溫柔，有時候還會搭配著一點點叫聲，就是在告訴主人他們的好意。

▲ 鸚鵡咬人行為的背後一定有原因！

第二種會是「警告性」的咬，此時鸚鵡的羽毛會比較鼓起，表達警戒的狀態，通常是發生在鸚鵡鬧脾氣，或是我們把鸚鵡的食物拿走的時候，力度較大但不至於咬到流血，但可以明顯地感覺到鸚鵡的不開心，而這種方式通常也是表現在「熟人」身上，輕則感覺到壓力，嚴重一些也可能會咬到瘀青，主人應該立即拿開手指，重新調整與愛寵的相處模式。

　　第三種咬人的方式是對陌生人的「攻擊性」咬法，速度更快、力度更強，當鸚鵡攻擊陌生人很可能會死命的咬著對方，流血的機率很高，而且被咬了還會痛好幾天，也因此我們會建議大家跟鸚鵡相處的時候，千萬不要一覺得鸚鵡很可愛就往鸚鵡的方向觸摸，誤入鸚鵡的禁區跟身體的界線，聰明的鸚鵡是不會輕易放過你的！

▲　千萬別隨意觸摸陌生鸚鵡，否則可能會遭到攻擊。
　　拍攝地：新竹北埔綠世界

鸚鵡都咬什麼人

鸚鵡會咬的人最大部分就是陌生人，但也有個性比較好的鳥，像是 2022 年我到溪山實驗國民小學體驗跨領域的課程時，校長就將個性溫柔「人人好」的吸蜜鸚鵡加入課程的內容設計，讓鸚鵡跟學生互動進行生命教育，許多學生都覺得相當幸福。不過，並非所有鸚鵡都是這麼親人且善解人意，多數會認主人的鸚鵡在看見其他陌生人靠近自己，都會表現得非常不愉快，有時候張開大口啄下，加上咬合力的加乘性，遭殃的人眼淚可能就要流下來了。

鸚鵡的主人就不會被咬嗎？我只能說只要養鸚鵡就一定被咬過，如果沒被咬的話，可能是養得還不夠久。因為鸚鵡的情緒是很豐富的，照顧鸚鵡不是只有提供食物讓鸚鵡吃飽而已，鸚鵡的心情是 24 小時都在變化的，從鸚鵡的眼神、肢體語言等小細節，如果真的發現鸚鵡不太開心，就別去惹他了，給鸚鵡一點自己的時間好好休息或者默默的陪伴，絕對比我們一

◀ 飼主須了解鸚鵡咬人的原因，才知道該如何應對。

直在旁邊吵他來的好，如果大家不想要被鸚鵡咬的話，或許觀察鸚鵡的心情也是很重要的。

不只是主人會被咬，我覺得很值得跟大家分享的一點是「鸚鵡會咬家人！」鸚鵡其實在家庭中飼養並不太會區分誰能咬誰不能咬，特別是當鸚鵡在家中放風的時候，少了拘束的自由之鳥可是會在家中盡情自由的飛翔，並且鸚鵡可能會把家中其他的家人認為是「領地被侵佔」而開始追著人咬，如果在養鸚鵡之前，家中環境有老人或小孩也要特別注意這個地方，或者是有客人來家中作客，也要小心鸚鵡的任何行動。

鸚鵡咬人的背後原因

鸚鵡會咬人的背後原因有非常多，除了前面所提到的「覺得領域被侵犯」和「威嚇的行為」，也可能是身體不舒服的警訊。如果大家發現鸚鵡的行為跟平常不太一樣，變得比較嗜睡沒有精神、食慾下降、碰鸚鵡的時候就會想要咬人，而且這個狀況持續好一陣子，這很可能代表鸚鵡的身體出了問題，身體不舒服才會變得性情焦躁；這部分的「身體警訊」大家也可以多留意，免得當鸚鵡很不舒服主人卻誤會並給予責備、責罵，對鸚鵡來說會變成另一種折磨。

鸚鵡在叛逆期的時候是最容易咬人的。幼鳥轉換成成鳥的階段，羽毛漸漸的發育完整，不論是大支的飛行羽或者是細小的保暖絨毛都逐漸長齊，甚至自己也開始拍動翅膀學習飛行；這個時候的鸚鵡個性上會變得更加叛逆，也很容易誘發鸚鵡咬人的欲望，有時候會被形容成是「玩過頭」，想要靠近主人卻又不知道怎麼控制自己的咬合力道，也同時是在測試著主人的底線，從這些方面進行學習，這個時候主人的反應就很重要了。

好的反應讓鸚鵡知道要如何控制力道以及釋放情緒，不好的訓練不只是會讓你跟鸚鵡之間的感情破碎，日後鸚鵡很有可能每次都把自己的主人咬到流血。當然很多時候主人遇到鸚鵡不斷咬人的狀況都會覺得心很累，覺得平常為了鸚鵡把屎把尿無微不至的細心照顧，鸚鵡卻像是兇狠的猛獸一樣，把自己的手當沙包來攻擊，這個重要的人寵關係最好的解決方式就是從小養成好的互動模式。

鸚鵡咬人要怎麼解決

從小讓鸚鵡養成不咬人的習慣是對鸚鵡最好的「不咬人解方」，但說起來容易做起來可不是簡單的事。我們鸚鵡該如何解決鸚鵡咬人的習慣呢？長大之後還是很愛咬人的話，鸚鵡還有救嗎？

▲ 佈置環境解決鸚鵡的啃咬需求

先從避免咬人最重要的內在因素來說起，鸚鵡的精氣神十足，要讓鸚鵡有適當的發洩管道比任何訓練都重要：環境上如果沒有給鸚鵡足夠的安全感也是會讓鸚鵡緊迫壓抑，高壓的生活環境是非常不利於鸚鵡的健康的，所以若要避免鸚鵡咬人，環境要佈置得舒適，重點是要給適合發洩精力的啃咬玩具，讓鸚鵡有東西可

以咬，才不會一整天都把主人當作自己的玩具。將環境升級到鸚鵡可以在籠子裡頭解決 80％的生理需求後，基本上在飼養的問題就可以解決不少，但沒有玩具又佈置得不夠周到，鸚鵡就會開始想方設法在放風的時候大肆狂歡，當然這也會讓飼主很頭大。

如果大家是從幼鳥開始養的話，我不會建議大家讓鸚鵡養成咬主人的習慣，就算是小時候力氣還不大，還是不要讓鸚鵡咬著主人會比較好，因為當鸚鵡的啃咬習慣一養成之後，力氣隨著年紀變大，遭殃的就是飼主了。從小養成好的互動習慣大大的降低鸚鵡未來咬人的問題，各種行為上的問題越小會越好跟主人培養默契，這也是為什麼許多人堅持要養幼鳥的原因之一。

當鸚鵡長大之後，或是飼主接手了一隻愛咬人的鸚鵡成鳥，這個咬人的問題就需要用另外一種更有技巧性的方式訓練，我們俗稱為「交換法」，適用於鸚鵡亂咬家裡的家具、主人等習慣。我們可以在鸚鵡剛開始咬人的時候，馬上拿出啃咬玩具跟鸚鵡「交換」，讓鸚鵡知道什麼可以咬，什麼是不可以的，長時間下來鸚鵡會自己去咬「可以咬的玩具」，慢慢的咬人的行為就得以調整了喔！

▲ 要解決鸚鵡咬人的問題需要多嘗試不同方式

當然鸚鵡的任何行為都不是一天養成的，也不可能一兩天就改變鸚鵡長時間養成的所有習慣。所謂的「好習慣」跟「壞習慣」都是從人的角度出發，人們覺得妨礙生活的就是鳥的壞習慣，相反的如果鸚鵡會唱歌會講話，就稱做好習慣，其實這麼定義「習慣」是不太公平的。鸚鵡有許多天性，像是在野外「啃樹皮」、「抓食物」、「喝斥敵人」、「群居」、「攀爬」等這些天性，都會在飼主的生活中頻繁發生，有時飼主可以對鸚鵡多一點體諒，也多給鸚鵡一些陪伴，我認為鸚鵡不是「物品」更不是人的「附屬」。

鸚鵡有著高智商還有思考能力，所以不是我們要鸚鵡做什麼事，鸚鵡就要乖乖的去做，正確飼養鸚鵡的互動關係應該是要和鸚鵡一起成長，慢慢調整相處的步調，有時用一些小技巧把鸚鵡的行為「換一個方式」抒發，才能夠讓養鸚鵡這件事情幸福又快樂！

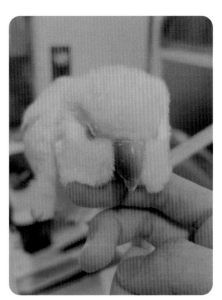

▶ 多利用小技巧讓養鸚鵡的生活幸福又快樂

Chapter **10**

飼主都該知道！
關於鸚鵡
的真相

養鸚鵡前跟養鸚鵡之後會有很多意想不到的發現。很多人說「養寵物是靠一種衝動」，但衝動是魔鬼，很多人一衝動選擇帶鸚鵡回家之後，才會開始上網找尋相關的詳細照顧方法。那麼在養鸚鵡之後會特別容易發現自己「原本想像的鸚鵡」跟「現實中」的鸚鵡似乎有那麼一點不一樣，本章將整理這方面的相關資訊「飼主該知道的關於鸚鵡的真相！」。

養鸚鵡之後才知道的三件事

鸚鵡的智慧

首先，養鸚鵡之後很多人都發現，鸚鵡的模仿能力不僅限於說話，有些時候生活上的聲音鸚鵡都很會模仿，像是門鈴的聲音，鸚鵡更是拿手，也會把我們喜歡對鸚鵡說的口頭禪一五一十的重新詮釋。鸚鵡比我們想像的都還要來得聰明，在養鸚鵡之前很多人可能都不知道鸚鵡會自己解開鎖扣，或是不知道鸚鵡會自己把籠子的門打開，而對安全這方面不小心疏漏了。

▶ 鸚鵡的智商相當驚人
拍攝地：派洛特咖啡

養鸚鵡的生活

養鸚鵡的生活比原先想像的還要來得精彩多元。所幸我們處在自由台灣，大家可以在規範內飼養非常多品種而且多變的鸚鵡，像是非常受台灣人歡迎的「和尚鸚鵡」就是現在台灣的寵物鳥市場上非常多人會選擇飼養的品種。

和尚鸚鵡的個性活潑外向也非常普及，重點是越來越多人飼養之後，大家都會一起相互交流飼養的經驗，還有對於這種鳥類的看法，也形成了在網路上相當重要的寵物社群。養鸚鵡的生活變得多采多姿，再透過網際網路的力量傳達給更多人知道，更是把大家的情感連結在一起。有別於過去只是自己養鸚鵡的生活，現在這個時代裡大家可以多方的知道更多的養鳥知識，遇到問題的時候也可以快速的解決，成為了「新時代的養鳥生活」。

▲ 新時代的養鳥生活可透過網際
網路與社群相互交流

鸚鵡的脾氣

原本大家對寵物的印象就是很愛對人撒嬌，但是在養鸚鵡之後才會知道，其實寵物鳥並不是像天使一樣。寵物鳥也會有自己的脾氣、有自己的態度，重點是每一隻鳥的個性都不太一樣；隨著基因還有跟人類相處的各方面影響，鸚鵡的脾氣也都會有所變化，有些人比較幸運養到的鸚鵡脾氣很好，對人很和藹可親。

有些鸚鵡的個性就是從小到大都比較暴躁，儘管主人善良溫柔的對待，也不見得能夠擄獲鸚鵡的芳心。在養鸚鵡之後才會遇到很多各個寵物鳥之間不同的個體差異性，可能大家原本在網路上做功課的時候所認識的鸚鵡個性跟自己買到之後會有些落差，這也是非常多台灣人在養鸚鵡之後會發現的真相。

▲ 每一隻鸚鵡都有不同的個性

對鸚鵡的三大刻板印象

　　大家是為了鸚鵡的什麼能力而選擇想要飼養呢？寵物鳥在台灣已經幾乎是第三大的寵物市場，而且從古至今持續在人類生活中出現。只要一討論到鸚鵡，人們就有許多刻板印象，最常見的就是：鸚鵡真的都會講話嗎？刻板印象讓很多人選擇跨出養鸚鵡的第一步，但是這些刻板印象不一定是正確的，也有些人在養了鸚鵡之後才發現原來並不是如此。

▲ 寵物鳥在台灣已經是第三大的寵物市場

1. 每一隻鸚鵡都很會講話？或是小型鸚鵡不會講話？

在大眾的眼裡都覺得鸚鵡會學人說話這個部分非常特別，確實鸚鵡的說話能力不容小覷，也確實比其他的寵物來得強很多。但是坦白說，一隻鸚鵡要會說話其實背後有許多原因，包含生活當中跟鸚鵡的互動以及對於鸚鵡的教育，但一般大眾通常認為鸚鵡一定會對答如流。

但是如果你是因為鸚鵡獨特的說話能力而選擇想要飼養鸚鵡的話，養鸚鵡之後卻發現鸚鵡的說話能力不如自己原本說預期的樣子，可能會感覺有些失望。

因為鸚鵡跟人類的語言還有溝通的方式還是有一定的差距。即便鸚鵡具有說話的能力，也不可能24 小時跟主人對答如流，能夠說話的大概只有一半，能夠對答的鸚鵡少之又少。通常我們看到鸚鵡表演會對答的鸚鵡，也是經過訓練師不斷地訓練教學才有辦法得到這樣的應對，大部分的鸚鵡所學的東西都是我們日常生活上所用到的口頭禪居多。

▲ 並非每一隻鸚鵡都能跟人對答如流

2. 鸚鵡就是要吃葵瓜子？

很多人養鸚鵡的時候就買一大包葵花子當作鸚鵡的食物，葵瓜子的價格低廉，但是具有很好的適口性，所以總是吸引鸚鵡的喜愛；對於飼主來說也會覺得葵瓜子價格便宜，但隨著養鳥的知識進步，還有飼主的社群跟

醫生的建議，飼主也慢慢地調整餵食的方法跟材料，讓鸚鵡活得更加健康減少疾病。

3. 鸚鵡應該很貴吧？

在尚未接觸鸚鵡以前，大多數的人會認為鸚鵡就是「進口的」稀有漂亮鳥類。在早期的台灣鸚鵡確實不是太便宜的寵物，也相對比較沒有那麼普及；但是鸚鵡開始來到台灣被進行人工繁殖後，走在路上會發現越來越容易看見有人帶鸚鵡出門了，代表著台灣的寵物鳥市場也在持續的成長，慢慢地有越來越多人加入養鳥的行列。因為鸚鵡的數量變多了、入手的價格降低了，所需要的基本門檻不像以前需要靠進口的時代來得那麼高，因此成為價格比較便宜的寵物，有時候可能一、兩百元就能夠入手了！

▼ 鸚鵡的價格已日漸親民

飼主經驗談

　　養鸚鵡之前，我們會在網路上做基本的認識以及了解，有時候也會透過書籍等方式來知道更多養鳥的知識。但是養鳥這件事情，任誰都不能用三言兩語就能夠解釋完，很多時候都是需要長期累積經驗以及應對的方法；同時每一位養鳥的人也都在不斷地學習，也會透過「線下鳥聚」活動跟大家一起分享自己發生過的經驗。

　　在聊天的過程當中，大家也可以從別人的經驗當中吸取教訓，避免自己犯同樣的錯誤，這種良善的循環也會讓大家對於「養鸚鵡」這件事情沒有這麼膽怯了。

▶ 與鳥友的線下交流活動
　讓養鸚鵡更簡單

準備適合鸚鵡的生活環境是飼養鸚鵡之前的第一個步驟，包括了準備鳥籠、用品、食物、保健品等，備齊這些基本的要素之後，最重要的就是要自己長期跟鸚鵡相處，以及更有耐心地跟鸚鵡進行互動與接觸。

　　鸚鵡對於環境敏感的時候可以多多跟鸚鵡說話、陪伴著鸚鵡，幫助鸚鵡習慣外面的環境。平常可以讓鸚鵡玩一些可愛的玩具或者是給鸚鵡一些天然的零食；在這幾年也越來越流行讓鸚鵡主要攝取「天然的綜合蔬菜水果」，透過新鮮的食物可以讓鸚鵡增加生活中的樂趣，同時讓鸚鵡可以吸收比較均衡的營養。

◀ 多多跟鸚鵡說話、陪伴著鸚鵡，有助於安撫鸚鵡情緒

照顧鸚鵡成鳥的 10 個冷知識

為什麼鸚鵡會吃自己的排泄物？

　　這一點是非常多鳥友私訊問我的問題。在鸚鵡做出這個動作的時候，總是讓飼主滿頭問號，不知道家裡的鳥寶發生了什麼事？明明就有給食物，卻去啃自己的排泄物，這個問題有幾個不同的說法。

　　第一種說法是認為因為關在籠子裡面，不能像在大自然中的鸚鵡可以自由自在的飛翔攝取所需的營養素，在身體缺乏某些礦物質或者是營養素的時候，就會把自己的排泄物吃下，進而獲得某些特定的成份。

　　第二種說法是好奇心。

　　覺得無聊的時候就什麼東西都想吃看看，卻不知道什麼可以吃什麼不能吃，就讓飼主覺得有些尷尬。在野外的鳥類較少接觸到自己的糞便，更別說是「食糞行為」更是罕見，幾乎只發生在寵物鳥身上。

◀ 寵物鳥的食糞行為讓人好奇

鸚鵡晚上睡覺時幾乎不排便

　　不知道大家有沒有觀察到，鸚鵡早上的第一次排便會特別多，雖然鸚鵡的糞便幾乎沒味道，但有時候這個早晨的第一次排便，偶爾會讓飼主嚇到，覺得怎麼這麼震撼！

　　以我的觀察，鸚鵡晚上睡覺的時候幾乎是不排便的，將近 6～8 個小時睡眠時間所累積的份量都會在早晨一次排出。鸚鵡幼鳥時期較不容易觀察到此現象，大多在成鳥比較容易可以觀察到這個狀況，所以大家如果遇到這樣的狀況先不要太緊張，這也是屬於正常的現象喔！

▶ 鸚鵡晚上睡覺時幾乎不排便，透過訓練則可控制不在飼主身上留下黃金。

鸚鵡跟小孩一樣會叛逆

　　鸚鵡進入成鳥階段過後，雖然個性跟亞成鳥比起來較穩定，不過在日常生活中還是會觀察到成鳥叛逆又調皮的個性。像是吵著、鬧著就是要出籠子玩，沒有放他們出來就開始大叫；即便已經換過羽毛，變成一隻成鳥了，還是難以遮掩如同孩子般的童心與淘氣，當然也需要飼主加以陪伴與愛護才能撫慰他們的心靈喔！

鸚鵡可以吃水煮肉

很多人以爲鸚鵡是吃素的，但其實野外的鸚鵡也是會去攝食動物性的蛋白質，所以有些飼主也會給予低油脂的水煮雞肉，很多中大型的鸚鵡也意外的很喜歡。不過如果有吃肉的話可能導致他們的糞便有異味或較不容易清理，所以在台灣養鸚鵡，比較少見到餵食肉類的狀況。

羽毛顏色會變

鸚鵡從小到大的羽毛大致上看起來好像都差不多，但如果仔細的觀察，他們的羽毛在一年又一年的換羽之後，可是會有不一樣的變化的。

以金太陽爲例，在出生之後身上的羽毛會偏綠，包括了背部、翅膀等都以綠色爲主，但換過羽毛之後我們會發現，顏色竟然會越來越發金而且更加亮麗，如果搭配足夠的營養與均衡的飲食，也會有毛色亮金金的感覺。不過也是有些鸚鵡的顏色變化較不明顯，像是灰鸚鵡就屬於這種類型！

▲ 金太陽幼鳥顏色比較綠

▲ 金太陽長大後羽毛會更亮麗

鸚鵡腳趾

▲ 鸚鵡的特殊「對趾」結構能幫助抓握

大家有沒有仔細觀察家裡鸚鵡的腳趾跟一般台灣所看到的野鳥，例如八哥、綠繡眼的腳趾都不太一樣呢？

鸚鵡的腳趾是前面兩趾、後面兩趾，這叫做「對趾」。這樣的結構可以讓他們抓握更有力量，這也是他們能夠用手抓東西吃的一大原因，腳趾上面還會覆蓋一層鱗片，隨著年紀的增長也會變更加粗糙、明顯，在鸚形目的鳥類當中算是蠻明顯的特徵喔！

瞳孔會動

有些種類的鸚鵡在幼鳥時期可能比較不容易觀察出來，因為眼睛的顏色在小時候大概都不會變色，但大概一歲過後，有些種類的鸚鵡就會變化得很明顯。特別的是他們的瞳孔還會隨著心情起伏而改變大小，這也讓飼主可以偷偷從這裡看出鸚鵡的小心機；瞳孔的變化也影響著在野外飛行時的進光量，調節成適合飛行的狀態與模式。

▲ 從眼睛就能判斷出鸚鵡的小心機

鸚鵡不是色盲

　　很多飼養狗狗的飼主對於狗的傳統印象，會認爲他們對於色彩的識別能力較差；但是鸚鵡這種鳥類在顏色的分辨上是特別敏感。有時想放澡盆讓他們洗澡，如果是紅色就會不太愛進去，但如果是白色或透明的，鳥寶就比較容易去嘗試。瑞典隆德大學的行爲生物學家也曾表示，鳥類對於光線與顏色是極爲敏感的，甚至透過實驗證明了鸚鵡可以看見紫外光。所以不要以爲鸚鵡是色盲了，他們的視力甚至比人還好呢！

▲ 鸚鵡對顏色非常敏感

出賣心情的羽毛

鳥類在遇到危險時會鼓起羽毛，試圖壯大自己的身形來去嚇退敵人，也會在發情或示愛的時候出現羽毛型態的改變。鸚鵡心情改變會呈現在羽毛型態上，這樣的特色總是出賣了他們；鸚鵡在撒嬌的時候，幸福洋溢的表情都藏不住，生氣的時候如果飼主能夠判斷鳥寶的心情，就可以先往後退一步。所以只要主人了解鸚鵡的羽毛變化所代表的心情，就可以提早預測他們的下一個行為與動作了喔！

▲ 從鸚鵡的羽毛也能看出心情

鸚鵡奶粉不是奶

我們常聽到幼鳥要餵奶，但鸚鵡的奶粉其實根本不是「奶」。鸚鵡奶粉的成份大多是穀粉、堅果粉、維生素、營養品以及蔬果粉，可能也會含有香料。其實鸚鵡的身體是沒辦法代謝乳糖的，鸚鵡奶粉中的成份也是完全沒有「牛乳」的喔！大家可別誤會，如果一聽到鸚鵡要餵奶，就馬上把冰箱裡的牛乳餵給鸚鵡喝，那就糟了！

鸚鵡挑食的 10 個冷知識

食物太大顆

　　大部分鸚鵡會害怕食物，基本上都是因為食物比鸚鵡的身體來得大，或者是跟身體的比例有差距。換句話說，像是虎皮鸚鵡或者是太平洋鸚鵡這種小型鸚鵡，如果看見比較大片的核桃或者是香蕉片等大型的食物，就難免感到有些害怕。

　　通常體型小的鸚鵡比較容易發生這種狀況，而我們可以選擇使用的方式就是將食物變小塊一點，這樣可以降低他們對於大型食物的警戒心，也可以增加他們想要吃這些食物的欲望；並且比較小的食物也可以方便他們去攝取，這是蠻多人會使用的方法之一。

▲ 把食物切薄或切成小塊，可以降低鸚鵡的恐懼感

食物不新鮮

　　不新鮮的食物鸚鵡感受得出來，因為鸚鵡找食物的時候首先會用眼睛看食物的顏色漂不漂亮，再來他們也會去感受食物的新鮮程度。新鮮的水果蔬菜都會散發出天然的香氣以及新鮮的味道；如果食物不新鮮或放太久，有時候會產生酸味甚至有發酵的味道，都會影響鸚鵡的食慾。

　　不過這也有例外，像是澳洲的吸蜜鸚鵡就曾經發生過集體喜歡吃過於成熟果實的事件。但是「過於成熟」的果實有時候會因為化學反應而產生類似酒精的物質，也有可能會造成鸚鵡中毒的狀況；所以各位一定要注意提供給鸚鵡的食物，提供鮮食的話，時間不要超過半天。提供鮮食是為了要讓鳥寶更健康，而不新鮮的食物反而會造成反效果。

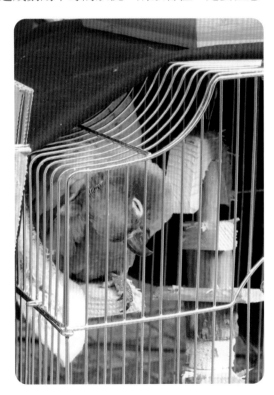

▶ 為了維護鸚鵡健康，食物的新鮮度需要注意。

脆度不夠

　　鸚鵡其實非常享受撕扯的感覺，特別像是紙張、紙箱、木頭這些材質都會讓鸚鵡很想要啃咬，食物也是一樣的道理。譬如說比較沒有那麼脆的食物，鸚鵡也會不想吃，如果我們把鸚鵡的食物打開來之後，沒有妥善保存而失去了脆度，也會讓鸚鵡不太喜歡吃。可以準備乾燥劑跟脫氧劑放在保鮮罐裡面，如此一來可以讓罐子裡面的氧氣減少，氧氣減少細菌就不容易孳生，也會讓食物口感更好。

▲ 鸚鵡很喜歡啃「脆」的東西，像是木頭。

顏色不吸引人

　　剛才有提到鸚鵡在吃東西的時候，第一個會先用眼睛看，通常比較鮮艷的顏色特別容易吸引鸚鵡的注意，而顏色彩度比較低的食物通常鸚鵡就比較不會去想要吃。容易吸引鸚鵡注意的食物包含像是草莓，顏色就非常鮮艷，看起來很可口。

鸚鵡跟人一樣會看食物的外表決定想不想要吃這個食物，所以鸚鵡如果有發生挑食狀況，也可以特別留意鸚鵡食物的「擺盤」跟「配色」這些大家看起來微不足道的小事。講到食物的顏色，有些人推測鸚鵡之所以會這麼喜歡吃辣椒，有一部分的原因也是因為辣椒的顏色飽和度很高，而且在飼料盆當中看起來也比較突出。

▲ 顏色鮮豔的食物更容易讓鸚鵡有胃口

沒有吃過

　　鸚鵡吃過該食材的「成功經驗」可以讓鸚鵡記住這個食物美好的一面。很多時候鸚鵡挑食是因為從小到大沒有吃過這麼多元的食物，所以說我們突然給太多新種類的食材，鳥寶會不太敢去做嘗試。

　　因此我們可以做的事情就是給鳥寶多一些時間讓去習慣，除此之外也可以「吃給鸚鵡看」。舉例來說我們要給鸚鵡吃水梨，我們就可以自己先吃，然後讓鸚鵡感覺這個食物是可以吃的、而且很好吃，這樣他看到人類的攝食動作就比較容易開始踏出第一步。對他們來說很重要吃過一次覺得不好吃，有可能以後都不想吃，但是第一次只要成功了之後再次嘗試的機率就會提升，這部分是我們可以去留意的地方。

年齡太小

幼鳥感官啓蒙的時候建議多方嘗試多元食物

　　鸚鵡的幼鳥時期（比較不會吃東西的階段）需要我們使用「引導」的方式，讓鸚鵡對這些食物感到好奇。在鳥寶年紀比較小的時候不太容易去吃太多的東西，而且食物主要是以質地比較軟的或者是奶粉爲主。

　　因此年齡太小的鸚鵡比較容易被主人發現好像比較挑食，這都是正常現象。幼鳥時期可以給予柔軟的蔬果，高營養價值的食物能讓鸚鵡感官逐漸啓蒙，未來嘗試各種新鮮蔬果的機會就會提升，挑食的機率也會同時下降。

　　這個時候是鸚鵡的黃金訓練時期，也是主人跟鸚鵡關係極爲密切的時候，大家千萬要好好把握。

▶ 種類多元的鸚鵡鮮食

消化不良

　　消化不良非常容易造成鸚鵡挑食，因爲生物體就是「有進有出」。如果鸚鵡的消化不好，對於食物就會比較挑剔或者是只挑特定的東西吃，此時主人就會覺得「鸚鵡挑食」。

如果大家觀察到這個現象，可以帶去看醫生，檢查鸚鵡的消化道狀況、分析消化以及排泄是否良好？如果是消化方面的問題，也可以透過益生菌改善，消化代謝都是影響鸚鵡健康和食慾的重要關鍵。

▲ 鸚鵡的消化狀況也會影響挑食問題
拍攝地：臺北市立動物園

感冒

　　當鸚鵡生病感冒的時候，食慾便會大幅下降，當他們已經沒有什麼力氣吃東西了，當然就會更加挑剔，只挑特定喜歡的食物去吃、去啃咬，當然如果身體不舒服的情況更嚴重時，也有可能會不吃東西。如果大家觀察到鸚鵡有感冒或生病的徵兆，並且還有不太吃東西的現象，這個時候應該帶鸚鵡到獸醫院進行檢查，看身體是否有生病，感冒的話要積極地進行藥物治療，提升消化道以及吸收的能力，並且解決感冒的問題，才是解決挑食問題釜底抽薪的方法。

鸚鵡如果感冒的話不建議飼主自己給藥，應該要參照獸醫師的專業建議並且搭配適合的劑量。不過最根本的做法還是給鸚鵡一個適合生活的環境，包含了溫度、濕度上面的控制，以及環境整理箱的舒適程度。同時鸚鵡的心情也會反映在身體狀況上，想要維持良好的健康，生活上的許多小細節也都非常重要。

▲ 維持舒適的環境能避免鸚鵡感冒

食物太硬

　　有些食物像是紅豆、綠豆，這種種子類的食物質地較為堅硬，即便鸚鵡的力氣很大，但如果有很多更容易吃或更好吃的食物可以選擇，鸚鵡也會挑選比較好吃或比較容易吃的食材種類來吃。

　　很多人會很好奇堅果這麼硬，鸚鵡怎麼這麼厲害會自己去殼吃？其實鸚鵡不是把殼咬壞而是把堅果的殼剝開，把殼剝開之後裡面有東西吃（好的反饋），鳥寶就會願意繼續想辦法把殼打開。

　　但是如果食物很堅硬，卻沒有讓鸚鵡得到好的反饋，那下一次鸚鵡就會猶豫要不要吃這個東西。

▲ 帶殼杏仁果

鸚鵡之所以會挑食，很多時候也都是「長期的習慣」所造成。像是有的人在鸚鵡亞成鳥階段到成鳥階段都是提供單一種類的食物，那鸚鵡習慣吃同一種食物之後，其實對於其他種類的穀物便會失去興趣。我們不要只給種類單一的食物，在未來也比較不容易去造成鸚鵡挑食的問題。

坦白來說其實鸚鵡喜歡吃什麼東西或不喜歡吃什麼東西，跟人是一樣的。有的人喜歡吃麵線、有的人喜歡吃臭豆腐，但有的人就是不喜歡吃米血，有的人就是不喜歡吃香菜。

這個都是生物本能上，能夠選擇食物時會有的正常表現。只要鸚鵡能夠吃到均衡的營養、身體上有正常的發展、健康上沒有異常或病變，並提供綜合的水果穀物或是滋養丸，都不會造成太嚴重的問題，或者是大家也可以適時地給予維生素或者是營養補充品，鸚鵡的健康狀況也會表現在身體的各個部位上。

健康鸚鵡羽毛的顏色會發亮，也會顯得很有精神，當然跟主人的互動情況也會更加親近喔！平時建議大家也可以多給健康的鸚鵡零食，每天去增強跟鸚鵡之間的感情，享受每一個跟鸚鵡在一起的美好日子！

▲ 鸚鵡對食物的喜好度，每一隻都不太相同。

Chapter **11**

鸚鵡的
生老病死

不論是任何生命，終究是有始有終，從鳥寶誕生破殼的那一天開始，代表一個全新的生命在這個世界上誕生了。

所有快樂的故事都是從這邊開始，也在寵物鳥跟主人的生活當中展開了新的一頁，直到長達數十年的壽命裡頭，發生許多大大小小的事情，也會經歷不同的冒險以及精彩的旅程，主人更是會全力地守護自己的寶貝。

本章節將要帶大家了解鳥的「生老病死」，很遺憾鳥類的生命是有限的，不過只要我們更加的了解寵物鳥生病應該要如何預防，以及遇到健康問題該如何解決，這些都是我們能夠延長鳥寶生命的方式喔！

如何判斷鸚鵡的健康

精神狀況好

精神狀況絕對是鳥類是否健康的第一指標，每天相處的時候都會利用這種方式，來讓我們知道他們有沒有身體上的不舒服。健康的鸚鵡精神狀況會很好，在籠子裡面或者是出來玩的時候會活蹦亂跳的，看到主人會有「興奮的感覺」專注的看著主人，這並不只是鸚鵡跟人類維持感情的方式，我們也可以從寵物鳥跟人之間的情感連結去簡單地幫鸚鵡做健康檢查喔！

▶ 興奮有精神，是健康鸚鵡的
　第一個指標。

食慾適當

　　健康的鸚鵡會有正常且穩定的食慾，不會突然「暴飲暴食」也不會突然不吃東西。學會飛行的鸚鵡成鳥，體重大部分都會是穩定的。

　　照顧寵物鳥也應每天幫自己家裡的鸚鵡記錄體重的變化。除了在鸚鵡幼鳥的階段體重會變化得比較明顯，長大以後通常不會有太明顯的變化，也不會有太快的浮動。如果鸚鵡的食慾都是正常的、沒有特別改變的話，也可以利用這種方式來簡單的判斷鸚鵡是否健康。

◀ 量測鸚鵡體重也是健康檢查的一部分
　拍攝地：臺北市立動物園

健康鸚鵡的眼睛會特別的有精神，而且會有「閃亮亮」的感覺。這是因爲生物營養吸收好，身體代謝狀況沒有問題，健康的樣貌就會投射在眼睛上；當鸚鵡看著我們的時候眼睛是發亮的，同時精神狀況是很好的，也是我們判斷鸚鵡很健康的一項指標！

▶ 眼睛是否發亮是判斷鸚鵡健康的其中一個標準

羽毛整齊

健康的鸚鵡羽毛會很整齊，因爲他們會花一天 50% 以上的時間去整理自己的羽毛。如果鸚鵡身體出了狀況，可能導致羽毛不整齊或者是鸚鵡根本沒有力氣去整理，這個時候主人就會觀察到鸚鵡羽毛的狀態可能不是這麼好，也會同時觀察到一些「破裂」或者是有受損的羽毛，這些也都是我們判斷鸚鵡是否健康的一個方法。

站姿端正

健康的鸚鵡站姿應該是「端正」的，不會駝背或者是雙腳歪斜。有時候鸚鵡因為身體不舒服健康等因素，會導致他們站姿看起來不太協調，特別是如果鸚鵡的腳受傷了，也有可能導致鸚鵡收起一隻腳（天氣冷也會）；這代表著鸚鵡的身體可能某部分的疼痛感讓鸚鵡不敢出力，所以才會站姿看起來有點奇怪。

◀ 羽毛整齊、站姿端正，是健康鸚鵡的重要指標。

翅膀對稱

承接上一點，鸚鵡站立的時候我們會觀察到健康的鸚鵡翅膀應該是對稱的，不會有一高一低，也會把翅膀收好。如果鸚鵡的翅膀看起來沒有力氣或者是有點脫落（有點像脫臼的樣子），就代表著可能是身體出現異常，才讓鸚鵡沒有力氣去支撐自己的翅膀。若要判斷鸚鵡是否健康，翅膀的對稱與否也可以變成我們判斷鸚鵡健康狀況的方式。

▶ 鸚鵡的翅膀看起來沒有力氣，代表可能是身體有了某些狀況。

早晨與中午會唱歌

鸚鵡在早上跟中午的時候會特別喜歡唱歌，比較擅長講話的灰鸚鵡也喜歡在中午的時候講很多話，不擅長說話的品種也會在中午的時候發出響亮的鳴叫聲。健康的鸚鵡鳴叫聲會很清脆且宏亮；如果鸚鵡平常都喜歡唱歌，但是突然變得不太喜歡鳴叫，這個時候主人應該要提高警覺，有可能是身體不太舒服才會讓鸚鵡停止最喜歡的唱歌活動。

▲ 鸚鵡在早上跟中午的時候會特別喜歡唱歌

正常飛行

健康的鸚鵡在室內放風飛行的時候，應該是可以自由自在的飛翔。飛行是鳥類的本能，所以只要空間安全的情況之下，正常飛行會成為健康鸚鵡的一個特徵。如果平常喜歡飛行的鸚鵡放出籠子的時候竟然都只待在同一個地方，我們跟鸚鵡互動的時候看起來也沒什麼反應，這個時候就必須注意看一下鸚鵡是否有外傷或者是打噴嚏，以免鸚鵡得到感冒了我們還不知道。

▲ 如果鸚鵡放出籠子的時候只待在同一個地方，飼主要仔細觀察原因。

胖瘦合宜

　　當我們觸摸鸚鵡胸口的時候，正常情況下會感受到圓潤有肉。鸚鵡身體外面有羽毛包著，所以其實不太容易直接看出胖還是瘦；一般情況下我們會用觸摸的方式，如果感受到鸚鵡的胸口完全沒有肉，可能代表吸收或者是消化出現問題，吃進去的東西沒有辦法正常吸收或者是鸚鵡根本不吃東西了，這些都是有可能發生的狀況喔！

眼睛無分泌物

　　眼睛周圍或者是鼻腔在正常的情況下，鸚鵡會自行清理並且保持乾淨。不過生病的時候分泌物會大量增加，鸚鵡也不會有力氣去清理，這個時候就會呈現比較多的髒污，有時候分泌物也會比較黏稠，導致鸚鵡的外觀看起來完全不一樣。分泌物過量代表這一隻鸚鵡並不健康，不論是自己家裡養的鸚鵡或者是我們要去選擇飼養一隻新的鸚鵡時，可以利用這個方法去判斷鸚鵡的健康。

◀ 生病時眼睛周圍
　的分泌物會大增

生病前的徵兆

長時間鼓毛

　　當鸚鵡要生病之前，我們會觀察到一天當中有「很長的時間毛都蓬蓬的」，有時候甚至會觀察到鸚鵡有發抖的狀況。我們呼喚鸚鵡的時候都沒什麼反應，有可能代表鸚鵡現在的身體正在發冷，所以才會把毛鼓起來，讓自己的身體保暖一些。如果大家觀察到鸚鵡有鼓起毛的狀況可以先幫他做適當保暖，會讓鸚鵡的身體舒服一些，情況若是沒有好轉也要盡快帶去獸醫院喔！

◀ 發抖是鸚鵡生病
　的徵兆之一

打噴嚏

　　鸚鵡有時候吸到灰塵或者是自己的羽毛也有可能會打噴嚏，但是一天的頻率跟次數都不會太高。當鸚鵡的身體出現的問題，就會非常頻繁地打噴嚏，就好像小孩子感冒一樣，打噴嚏的症狀也是感冒的其中一個判斷方式。有時候鸚鵡的分泌物還不容易排出，會讓鸚鵡一直想要對著自己的鼻孔搔癢，這也是生病的徵兆喔。

呼吸有聲音

當鸚鵡的身體開始有異常反應的時候，呼吸上會出現比較不一樣的聲音，有一點像是氣喘或者是鼻塞的鳴音，跟平常的感覺不太一樣。鸚鵡在呼吸的時候也看起來不太舒服、不太順，甚至覺得有點吃力。這是因為當鸚鵡生病的時候，有可能因為分泌物去影響鸚鵡的正常呼吸，這個時候主人千萬不能輕忽，這有可能是很嚴重的問題了。

▲ 氣喘或者是鼻塞的鳴音，是鸚鵡身體出現異常反應的徵兆。

身體有腫塊

當鸚鵡出現健康問題，我們跟鸚鵡互動的時候有可能會發現身體有腫塊，此現象比較容易發生在年紀大的鸚鵡身上。當身體出現腫塊，就算只是脂肪瘤，我們也千萬不可以忽略，建議到獸醫院讓醫師判斷是良性還是惡性的，可能會需要進行切片檢查，確認是不是像癌症這類的疾病。

▲ 鸚鵡身體出現腫塊時不可輕忽

無精打采

　　鸚鵡在生病之前最容易發生的就是無精打采。特別是有時候我們給鸚鵡平常喜歡吃的零食，也會觀察到鸚鵡的欲望不是這麼強烈，對於食物好像沒有什麼興趣，而且對於自己的主人好像也不理不睬，有時候連想要咬人的力氣都沒有，這就表示鸚鵡身體非常不舒服了。每天跟鸚鵡互動的時候去注意鸚鵡的精神狀況，也是身為飼主每天重要的工作之一。

糞便顏色

　　正常鸚鵡的糞便顏色為深綠色，但是重點是鸚鵡的糞便顏色會容易隨著飲食狀況改變，像是如果前一天給鳥寶吃「紅色的火龍果」，隔天糞便的顏色就會比較紅一些，如果給的食物是像滋養丸這類食物的話，其實鸚鵡的糞便顏色也會隨之而改變。但是我們如果沒有給鸚鵡吃特別的東西，都是以平常的飼料為主，卻發現鸚鵡的糞便顏色產生巨大的改變，都有可能暗示著鸚鵡的身體以及消化系統似乎出現狀況，這也是鸚鵡身體的警訊。

　　我們可以加強留意這方面的改變，正常的情況下鸚鵡的糞便應該會看不出食物的原型，如果仔細觀察其排泄物，卻發現細小的種子，表示鸚鵡飼料裡面的種子還出現在糞便裡頭，代表鸚鵡可能消化不完全，這也都是我們可以判斷鸚鵡是否健康的方法。

▲ 健康鸚鵡的排泄物為深綠色

為何一直睡覺？鸚鵡隱忍的習性常造成病情拖延！

　　鸚鵡在大自然的環境當中，不會輕易地表現出自己不舒服的樣子，因為只要被掠食者發現不舒服，就有可能會第一時間被抓走變成食物。野外的掠食者會挑選生病、沒有力氣的對象下手，這也導致鸚鵡養成不會輕易地表現出身體不舒服的習慣，我們稱之為「隱忍的習性」，隱藏身體的不舒服是為了延長自己的生命，以免病情還沒有好轉就被掠食者吃掉了。

　　但是對於一般環境的寵物鳥來說，這個「隱忍的習性」非常容易造成病情拖延，而且如果是兩隻鳥關在同一個籠子的話，鸚鵡更不會去表現出不舒服的樣子或者是盡可能的偽裝自己，保持身體外表最佳的狀態。不過這也會造成我們沒有辦法去發現鸚鵡生病的警訊。

　　總結來說，不只是觀察鸚鵡的精神狀況變化能夠得知鸚鵡的健康程度，也要記得觀察跟鸚鵡互動時的變化或者是觸摸鸚鵡的體態狀況，最後記得觀察鸚鵡的食量是否有改變。這些都是生活上可以注意的小細節，因為鸚鵡太容易隱藏自己不舒服的感受了，所以對於每

▲ 在自然環境中鸚鵡為了生存，會養成「隱忍的習性」。

一位飼主來說，養鸚鵡比養其他的寵物更加需要提高警戒心。

　　鸚鵡的日常生活中遇見疾病的狀況難以避免，本章節將為各位介紹鸚鵡常見疾病，有些常見的鸚鵡疾病是養鳥人非常熟悉的，例如：傷風眼。不只是在飼主之間很容易聽見，如果請教資深養鳥人甚至繁殖鸚鵡的廠商也都會有自己的一套應對策略。如果你下定決心養了一隻鸚鵡後，了解鸚鵡常見的疾病也是我們做飼主應盡的責任。

脂肪瘤

　　脂肪瘤是一種良性的腫塊，通常如果鸚鵡吃的東西熱量比較高或者是油脂高的時候就容易出現，最經典的例子是如果主食都是乾燥的葵瓜子，鸚鵡就比較容易發生脂肪瘤。深層脂肪瘤比較容易出現在「灰鸚鵡」或者是巴丹鸚鵡、虎皮鸚鵡這些品種，脂肪瘤的成因很常和餵食有關係，例如：營養比例問題。所以要從根本解決這個問題，還是要從調整飲食開始。

傷風眼

　　所謂的「鸚鵡披衣菌」也就是養鳥人口中常常在說的「單眼傷風」。這是一種寄生於細胞內的細菌，在鳥類上面非常容易發生，特別是在飼養環境比較複雜、髒亂的鳥店，買回來的鸚鵡非常有可能染上。

　　傷風眼也被叫做「鸚鵡熱」。此細菌可怕的是一旦鸚鵡染病便有可能「全身性」的感染，更會造成鳥寶眼睛紅腫流淚，而且要解決這個疾

病，並不只是處理眼睛的流淚問題，如果
沒有全身性的治療的話，有可能造成更嚴
重的後果。完整的療程至少需要四週，如
果嚴重一些或是飼主太晚察覺，很有可能
讓鳥寶喪命。

▲ 單眼傷風（鸚鵡熱）
要謹慎治療

毛滴蟲

　　這種疾病特別容易發生在「籠子沒有清洗乾淨」的飼養環境。這是
一種消化道疾病，會造成鳥類的上下顎還有食道跟喉嚨產生病變。這是
一種具有運動性的蟲體，有可能會造成鳥類嘴巴有一些黃白色的團塊，
嚴重一點還會造成鸚鵡「呼吸困難」，若是發生在幼鳥身上的話，容易
造成幼鳥發育遲緩，對於幼鳥來說是非常嚴重的；大多是透過親鳥垂直
傳染，同時也有可能透過食物或者是水源進行入侵。

◀ 鸚鵡的飼養環境
整潔很重要

出血（外傷）

　　一般的鸚鵡外傷主要是指「動物的皮膚出現擦傷、割傷」，這都屬於一般的創傷。創傷的區域可使用生理食鹽水進行清潔的工作，一般在寵物鳥身上比較不會使用「藥膏」，因為通常藥膏會呈現軟軟黏黏的狀態，比較容易影響到受傷的鳥類，鸚鵡會去啃或是搔癢。比較遺憾的地方是，如果鸚鵡有嚴重穿刺性創傷，身材嬌小的鸚鵡死亡機率比較高，更有可能會化膿同時容易引發敗血症。

羽蝨

　　這種寄生蟲主要是出現在鸚鵡的身體表面（大小約 3mm），飼主可以透過觀察的方式看鸚鵡有沒有體外寄生蟲。仔細觀察鸚鵡羽毛背面的話，會看到羽毛上會有小白點，這些小白點就很有可能是體外寄生蟲。如果發現有不明的生物在爬的話，建議帶鸚鵡到獸醫院讓醫師使用顯微鏡觀察是否為體外寄生蟲，通常羽蝨會啃咬鸚鵡的羽毛，導致羽毛看起來會破破爛爛的。

◀ 觀察鸚鵡羽毛是否有小白點，
　有的話建議帶去看醫生。

喙羽病

農業部獸醫研究所（原行政院農委
會家畜衛生試驗所）對喙羽病曾發表解
說，傳播途徑主要爲水平傳播，會透過口
腔、泄殖腔、鼻腔傳染，這是一種直徑大

▲ 喙羽病可能造成鳥喙變形

概 14 ～ 17 奈米的「正二十面體無封套單股環狀 DNA 病毒」。第一次被
發現是在 1970 年代中期的太平洋鸚鵡身上，太平洋鸚鵡會出現不正常的
羽毛生長跟脫落，甚至鳥喙變形，最後變得越來越嚴重而死亡。

之後也發現了很多種鸚鵡都有這種疾病，這種環狀病毒主要會傷害
淋巴組織以及抑制免疫系統，三歲以下的鸚鵡特別容易發生。

前胃擴張症（PDD）

前胃擴張症也是人們常常在講的「雙病毒」其中之一，前胃擴張症
英文是 PDD，這是由「波納病毒」所引起的傳染性疾病。這種疾病會影
響到鳥類的神經系統，也會讓中樞神經失去正常的功能。之所以叫「前
胃擴張症」，是因爲最常出現的症狀就是使鸚鵡的消化系統神經被侵犯
而導致前胃擴張，也是非常嚴重且會致命的疾病，更有可能會引發「腦
炎」或者是其他心臟病的問題。會讓鸚鵡的食慾下降、嘔吐、拉肚子、
精神狀況不佳。

獸醫師通常會使用影像學檢查以及血液學檢查做完整的健康調查，
不過很遺憾的是，目前ＰＤＤ並沒有可以使用的醫療藥物，只能夠給一些
營養品，基本上鸚鵡很難痊癒。

沙門氏菌感染

通常這種疾病是透過「老鼠」作為帶原者，而受感染的親鳥生下的鸚鵡也容易有「垂直傳染」的狀況。沙門氏菌感染會讓鸚鵡的腸胃道不舒服，鸚鵡會開始不喜歡吃東西或者是造成呼吸困難等狀況。不同的鸚鵡也會有不同的症狀，有的更嚴重還有可能會造成「蜂窩性組織炎」，或者是有些品種比較容易得到敗血症，回到源頭來說，環境的整潔還是維持鸚鵡健康最重要的事。

▲ 沙門氏菌感染容易讓鸚鵡沒有食慾

熱衰竭

鸚鵡的中暑又被叫做「熱衰竭」，天氣熱的時候特別容易發生，會讓鸚鵡變得沒有力氣或者是一直喝水，甚至最後會發抖、翅膀下垂等。如果觀察到天氣太熱，鸚鵡發生了這些症狀一定要趕緊送醫，並且幫鸚鵡降溫，像是噴水、開空調、洗澡等。

讓鸚鵡降溫之後，給鸚鵡補充一些電解水，讓鸚鵡的體力恢復，或者有些人也會建議添加一些葡萄糖補充鸚鵡的營養。天氣太高溫或太低溫都是很容易讓鸚鵡不舒服的，在飼養環境溫度上面的控制大家也可以多加注意。

▲ 熱衰竭嚴重的話會讓鸚鵡迅速死亡

受傷與緊急處理

如何幫鸚鵡止血

　　許多人看到鸚鵡流血的時候就會非常緊張，當然受傷的鸚鵡因為疼痛再加上看到有血液在自己身上，難免都會變得驚慌失措，但是主人千萬要冷靜。如果雙方都很緊張的話，絕對沒有辦法解決這個問題。

　　一般來說，如果在家裡剪趾甲造成鸚鵡小部分面積出血的話，可以使用「止血粉」，並同時「加壓止血」讓鸚鵡不要繼續流血。但是如果鸚鵡的傷口比較嚴重，甚至有傷到骨頭，就一定要在止血之後趕緊送到獸醫院，進行包紮處理甚至要做骨折的後續手術，以免鸚鵡掙扎過後造成更嚴重的後果。

▲ 止血粉可以常備在家中

平時要做的功課

我們平常在家裡可以準備一些常備藥品，像是剛才講到的止血粉或者是電解質補充飲，也可以到獸醫院詢問獸醫師，平常是否有適合放在家裡供緊急使用的藥品。平常也要記得養成「保持冷靜」的習慣，因為當鸚鵡緊張的時候血壓會上升，流血的狀況便會更嚴重，也會變得不好處理。

當鸚鵡在家裡飛行的時候也要特別注意隱藏在家裡的危險，儘量的讓環境更加安全，打造一個溫暖又舒服的鸚鵡樂園。

去獸醫院時建議攜帶的物品

不論是發生意外或者是鸚鵡生病，甚至只是帶鸚鵡到獸醫院健康檢查，會建議攜帶鸚鵡當日的糞便（用夾鏈袋裝），或者是如果有掉落的羽毛也可以帶著，平常如果有記錄鸚鵡體重變化的習慣，也可以把資料準備齊全，提供給醫生參考。

送到獸醫院的路程當中，以溫和的語氣安撫鸚鵡，不要讓鸚鵡太緊張。有些鸚鵡到獸醫院會變得比較失控，我們也要細心用心的陪伴他，因為鳥聽到主人的聲音會比較安心，也可以攜帶一些小零食，讓鸚鵡轉移注意力，比較不會因為外在環境改變太大而變得失控。

▲ 看醫生前以溫和的語氣安撫鸚鵡

跟獸醫師說明的事

　　到獸醫院記得跟獸醫師說明鸚鵡的症狀，像是「有沒有打噴嚏？有沒有精神狀況不佳？飲食習慣是否有改變？有沒有挑食？如果有症狀的話大概持續多久了？」

　　我們把我們觀察到鸚鵡所發生的狀況跟醫生清楚的說明，醫生比較有辦法去判斷鸚鵡的病症以及對症下藥，對鸚鵡來說去看醫生才有意義；當然醫生也會在外在進行檢查，或者是拍攝 X 光看鳥類的身體狀況是否有異常，我們也要記得醫生提醒的事情，回到家裡的時候才不會又重蹈覆轍。

關於鸚鵡感冒的 10 個知識

天氣太冷

　　冬天的時候天氣比較冷、空氣也比較潮濕，特別是在台灣北部的多雨地區，如果鸚鵡養在戶外或者是比較靠近窗戶的位置，會讓鸚鵡比較容易感冒。大家在鸚鵡的生活環境中可以設置一個溫度計去測量現在的溫度，如果太冷了也要記得為鸚鵡保暖，才不會因為溫度的關係而讓鸚鵡有感冒的風險，生活上也會更加的舒適喔！

吹到風

　　冬天的寒風或者是冷氣出風口都是風的來源，鸚鵡如果吹到風，感冒的風險將會增加，所以很多人為了避免這個問題，都會在籠子旁邊蓋上防風的風罩或者是布，避免風直接吹到鸚鵡。

　　雖然鸚鵡羽毛有一定的保暖效果，但是特別在洗完澡之後或者是風比較大，都有可能讓鸚鵡受寒，如果鸚鵡剛洗完澡身體比較濕的時候一定要注意，不要讓他們吹到風喔！

抵抗力不足（年齡因素）

　　年齡太小的鸚鵡或者是「年紀比較大的鸚鵡」都容易抵抗力比較不夠。鸚鵡年紀比較小的時候要特別注意，儘量不要接觸到外界也不要太常帶出門，因為外面的環境變化很大，同時病菌也都比較多，加上溫度變化所帶來的各種風險，抵抗力不足的鸚鵡也特別容易得到感冒。

　　鸚鵡的壽命比一般的寵物都還要來得長一些，不過生命都是有始有終，在年紀比較大的鸚鵡身上，也特別容易會因為外在的環境以及各項的因素造成鸚鵡生病感冒。所以不論是在年齡比較大的鸚鵡以及年齡比較小的時候，我們都必須更加的注意照顧上面的細節，才不會讓抵抗力不足的鸚鵡不小心就感冒了。

◀ 年齡較大的鸚鵡
抵抗力較弱

營養不均衡

　　飲食的重要性是有養過鸚鵡的人都有目共睹的。好的食物、食材不只是可以讓鸚鵡更有食慾，吃更多東西營養均衡，也會讓鸚鵡的毛色、體色還有各方面精神狀況得到良好的提升。平時也要注意鸚鵡有沒有挑食的狀況，或者特別不喜歡吃什麼東西，如果長期偏食會造成某些營養攝取不足，鸚鵡的營養是否均衡也是影響鸚鵡的健康還有是否會生病的關鍵因素喔！

接觸野生鳥禽

　　坦白說「野生鳥禽」是最容易帶來病源的野外動物。野生鳥類具有飛行的能力，會穿梭在各個大街小巷還有與各種動物接觸，像是最近也有許多來台灣度過冬天的候鳥，每年這些鳥類遷徙的距離非常遠，有時候在人類的社會當中也會特別重視這些候鳥是否從其他國家帶來了我們不曾看過的傳染疾病。

　　在鳥類的世界裡頭，許多的禽流感是因為鳥禽類不斷地飛行以及穿梭才進而傳播的，所以在飼養時儘量不要讓鸚鵡直接接觸戶外的野生動物以避免被傳染疾病，也可以避

▶ 候鳥是否帶來傳染疾病
　應被嚴格重視

免鸚鵡遇到危險。帶鸚鵡外出的時候特別容易遇到野生的鳥類或者接觸到鳥類的糞便，這些都是有可能的傳染途徑，有養鳥的人需要特別注意。

住宿

現在很多人會遇到需要人手幫忙照顧鸚鵡的問題，有時候春節想要出去玩，有時候因為要過年沒有辦法待在家，就會去尋求寄宿，這個需求也是一直存在，但也一直備受爭議。

鸚鵡住宿的時候會有很多的鳥類一起關在同一個環境裡頭，通常在室內空氣不流通的狀況之下，只要有一隻鳥寶有傳染疾病，就有可能讓全部一起住宿的鳥類都得病；有時候又因為吃的東西都放在一起，以及餵食用具都相同，幾乎是生命共同體，鸚鵡帶回來的時候發生狀況都會變得比較多。所以這個也是現在大家遇到的比較棘手的問題，如果有任何住宿的需求也都需要特別注意，或者是交代給信任的鳥友，同一個空間裡頭養得密度不要太高，比較能夠避免這樣的狀況發生喔！

飲食與衛生

前面有提到同一個環境裡頭特別容易「相互交叉傳染」，因為飲食環境都是一樣的，所以對於飲食方面來說，其實就算是個別飼養鳥類的人也都需要特別注意用具上面的衛生。

可以使用酒精擦拭達到消毒的作用。或者是以太陽光的紫外線讓環境四周定期殺菌，減少任何可能帶來傳染疾病的細菌或病毒；沒有了這

些外來入侵者，**鸚鵡**的生活環境就相對安全也比較不容易得到感冒。確實的去注意環境整潔減少鸚鵡感冒的機會，比起等到鸚鵡真的生病之後，才花大把金錢去看醫生治病來得划算很多！

▲ 可以用酒精定期消毒日常用具

溫差大

　　環境溫度只要變化得比較大，對於鳥類來說都會是隱藏的風險。為了讓鸚鵡可以照到太陽，我們通常會選擇將籠子放在窗戶旁邊，但這個位置其實對於鳥類來說就會是溫差比較大的地方。除了 286 頁提過的寒冷的天氣以及吹到風的問題，日夜溫差大的季節也都會是感冒常發生的時機。跟人一樣，在秋天來臨時，身體還不適應快速變冷的天氣，保暖作業沒有做充足就會比較容易得到感冒。套用在鳥類身上也是，在「換羽毛」還有「溫差大」的時候會增加感染風險。

人類會傳染感冒給鳥嗎？

很多人都會納悶在台灣疫情嚴峻的時候幾乎人人都待在家裡，如果人類真的確診了或者是有感冒症狀，會不會傳染給鳥類呢？在鳥類學上通常是保持著樂觀的看法，因為每一種病毒都有特定的宿主，所以基本上如果病毒沒有產生任何突變，只是傳染在人類的身上，不太會直接傳染給鳥類。

鳥類的感冒叫做「禽流感」，特別會在鳥類之間相互傳染，雖然人畜共通的傳染性疾病也是不無可能，但是機率相對較低。所以飼主如果自己感冒的時候，並不需要過於擔心會直接傳染給寵物鳥喔。

鸚鵡感冒會自己好嗎？

生物體本身都具有自己一定的「自癒」能力，也有可能會自己產生抗體對抗外來的病毒，就像有些人堅持小感冒都不看醫生，讓身體自己照顧自己。

但是對於小型的鳥類來說，我還是會建議大家如果有生病癥兆，要給專業的獸醫師進行評估。畢竟鳥類的身體比較脆弱，有可能抵擋不了這一次的打擊，導致脆弱的生命很有可能就因為感冒而失去。野外的鸚鵡感冒可能會被大自然淘汰，然而變成了寵物鳥後的鸚鵡，人們要更加珍惜這些鳥類對我們的陪伴，還有跟我們的情感，所以對於感冒這件事情要更加謹慎的對待，避免發生沒有辦法挽回的憾事！

在鸚鵡生病之前我們做好了環境上的設置，以及注意外在因素可能導致鸚鵡生病的原因。把生病的風險降到最低，遇到問題的時候也比較容易解決，才不至於釀成太大的悲劇！

▲ 脆弱的生命很有可能就因為一場感冒而逝去

如何接受鸚鵡的死亡

　　小型鸚鵡的平均壽命大約為 8 ～ 15 歲左右，跟狗狗的壽命相近。不過在鳥的一生中可能會因為多種因素而影響壽命的長短，包含了我們前面說明的「疾病」抑或第一章提過的「近親繁殖」等因素。

　　所以飼主有一天必須接受的一件事情便是「離別」。當悲傷的情緒無止盡地湧出，有些人形容這種感覺就像是「失戀」一樣，必須承受自己最愛的家人離開自己，也會不斷想像著沒有他的生活應該怎麼過？在鸚鵡過世後，有哪些方法可以幫助自己度過這段難過的情緒呢？鳥友們都是用什麼方式懷念鳥寶呢？

製作紀念冊

　　鳥寶離開我們成為了事實之後，我建議大家最好的懷念方式就是幫鳥寶做一本畢業紀念冊。從鳥寶回家第一天拍的第一張照片開始記錄，貼上珍貴的照片還有寫下當時的心情，一直記錄到鳥寶慢慢長大，可能開始學會一些技能、開始說話。第一次換羽毛、第一次洗澡、第一次看醫生做健康檢查，這些養鳥過程的點點滴滴都是非常珍貴的，雖然鳥寶已經離開了，但我們透過製作紀念冊的方式，可以讓鳥寶帶給我們的快樂永遠存在我們的心中。

寫一封告別的信給鳥寶

當鳥寶離開這個世界後，這段療傷的時間裡，可以試著拿起紙筆，把想要對鳥寶說的叮嚀用紙筆寫下。希望鳥寶到另外一個世界可以找到一個跟自己一樣愛他的主人，也在信中感謝鳥寶與自己的十幾年生活中帶來的驚喜和快樂。我們書寫的過程中可以回想著鳥寶與自己最幸福的笑容，讓鳥寶在溫馨的情緒與回憶中離去，最後的告別也讓自己有一段感情寫下句點的儀式，可以讓飼主難過的情緒轉化，更有力氣面對接下來的人生。

考慮是否迎接新的生命

鸚鵡與飼主告別之後，這段情緒若能夠好好調適，可以讓自己的心理比較舒服，整理好自己的情緒過後，看著空蕩蕩的鳥籠，心裡不免會覺得有些悲傷。所以下一個階段有些飼主便會選擇去思考是否迎接下一個生命，將這幾年來的溫柔再給下一隻鳥寶。有了飼養的經驗後，有些飼主會挑戰更大型的鸚鵡或是之前沒有養過的品種，但是有些飼主則是會選一隻跟自己離世的鳥寶外表非常相近的鸚鵡，讓自己的感情可以有所依托。

▶ 有些飼主會選一隻跟自己離世的鳥寶外表相近的鸚鵡

如何安葬鸚鵡

當鸚鵡過世以後，有些人可能會以「塵歸塵、土歸土」的概念，將鳥寶埋葬在公園的樹下，不過這其實是我不推薦的作法，因為在公園裡有很多野生動物，像是流浪貓狗或甚至是野鳥等。

如果我們將愛寵葬在公園，有可能會被野生動物挖出來吃，所以我不會建議大家這麼做。那麼有哪些安葬鸚鵡的方式是大家比較常選擇的呢？

製作標本

有些西方國家的飼主會在鸚鵡離世之後，選擇聘請標本專家將其製作成鳥類標本，讓心愛的鳥寶在生命結束後可以繼續陪伴在主人身邊，或是捐贈給教育單位，賦予新的意義。

但在東方的思維裡比較沒辦法接受這種做法，所以大多都不會選擇將愛寵製作成標本，會希望鳥寶最後的一段路可以安心的離去。

寵物火葬

社會結構從過去的養兒育女變成寵物家庭，隨著養寵物的人口變多，關於寵物的後事與處理產業也被更多人重視。所以在鸚鵡過世之後，火葬

也是比較新穎的處理方式，**鸚鵡**身體的一部分還會從留在自己身邊，日後懷念鳥寶的時候，可以有一個實體對象思念。鳥寶雖然是寵物，但只要被重視，他們就像是家人一樣，在飼主的心中佔有非常重要的地位。

　　大家家中的**鸚鵡**如果過世之後，可以先致電給寵物殯葬業者，寵物鳥包括：柯爾鴨、日本雞、哈里斯鷹、鸚鵡等，如果寵物殯葬業者有受理，寵物鳥也能夠得到良好的安置，寵物殯葬業者也會帶著飼主進行正式的傳統儀式，讓飼主送寵物最後一程。

花盆土葬

　　台灣大部分的**鸚鵡**飼主會選擇一個漂亮的花盆，準備一些**鸚鵡**生前愛吃的食物，最後準備一株美麗的植物，寵物鳥過世後將其安置於花盆中，讓**鸚鵡**可以在快樂的食物與美麗的環境離開。這個作法的好處是鳥寶可以在自家的花盆裡頭，比較不容易被其他野生動物挖出來甚至吃掉。

　　有些飼主也曾經分享，因為最後為**鸚鵡**撒下的是葵瓜子幾個月後花盆中竟然開了向日葵花，讓飼主覺得鳥寶就像是換了一種美麗的形式，繼續在世界上綻放。

結語

一段生命結束以後，無論最後選擇何種方式讓鳥寶安眠，我們都會希望鳥寶可以快快樂樂地離開，在本書的最後一個部分，寫下與鳥寶快樂生活最後一個知識，同時也是鳥生的最後一段故事。期待這本書能夠提供新手鳥爸媽一個依靠，在養鳥的過程中遇見徬徨無助時，能夠從這十一個篇章中找到線索，讓自己在養鳥的路途上更有信心！

一日鳥奴，終身鳥奴！
鸚鵡小木屋 Jack 與所有寵物鳥愛好者共勉之。

如果還想要知道更多關於鸚鵡的消息，
可以關注我的頻道：

鸚鵡小木屋 Jack YouTube
https://youtube.com/@Jack_and_parrots

總代理：品皇貿易股份有限公司

把寵物當家人~一切只給最好的

www.pinhwan.com.tw／FB關鍵字：守護寵寶、分享愛

比利時凡賽爾企業集團

- A19 營養素，適合中大型鸚鵡（脂肪含量高、成長與病後調理配方）
  適合金剛鸚鵡、灰鸚鵡、折衷鸚鵡……
- A21 營養素，適合中小型鸚鵡或雀科（蛋白質含量高、成長與病後調理配方）
  凱克、玄鳳、小太陽……
- LORI 營養素，適合吸蜜鸚鵡、懸掛鸚鵡、無花果鸚鵡（成長與病後調理配方）
  青海、紅伶、澳洲彩虹、鹿頂客……
- 添加維生素、蛋白質、礦物質等，有益於幼鳥健康成長與羽毛亮麗
- 添加乳酸菌、益生菌、益生元、消化酵素和有機酸，維護消化機能正常
- 透過親餵的過程，培養與愛鳥之間的親情

- 鸚鵡專用（無殼飼料、斷奶聖品、全球獸醫師與營養師一致推薦）
- 科學配方結合多種精選食材的完全飼料，有益於羽毛亮麗
- 添加多種維生素、蛋白質、礦物質、碘元素、葉酸、胡蘿蔔素等營養元素
- 經熟化處理，衛生有保障並易消化，可提高食材的利用率
- 日常專屬配方（B14/G14/P15），採用磷鈣最佳黃金比例，有益於骨骼與機能強健
- 繁殖專屬配方（B18/G18/P19），提高蛋白質與鈣質，補充完整營養，有益於孵化率與雛鳥健康
- 全系列添加天然礦土與益生菌，補充微量元素與維護消化道功能
- 採用天然色澤元素，符合寵鳥飲食習慣，增加適口性
- 滋養丸可緩解挑食問題，添加絲蘭維持環境清潔與減低臭味
- 採用食品級氮氣包裝，維持食品最佳狀態

晨星寵物館重視與每位讀者交流的機會，
若您對以下回函內容有興趣，
歡迎掃描QRcode填寫線上回函，
即享「晨星網路書店Ecoupon優惠券」一張！
也可以直接填寫回函，
拍照後私訊給FB【晨星出版寵物館】

◆ 讀 者 回 函 卡 ◆

姓名：＿＿＿＿＿＿＿＿＿　性別：□男　□女　生日：西元　＿＿／＿＿／＿＿

教育程度：□國小 □國中 □高中/職　□大學/專科　□碩士　□博士

職業：□學生　　　□公教人員　　□企業/商業　□醫藥護理　□電子資訊
　　　□文化/媒體　□家庭主婦　　□製造業　　　□軍警消　　□農林漁牧
　　　□餐飲業　　　□旅遊業　　　□創作/作家　□自由業　　□其他＿＿＿＿

* 必填 E-mail：＿＿＿＿＿＿＿＿＿＿＿＿＿＿＿＿ 聯絡電話：＿＿＿＿＿＿＿

聯絡地址：□□□＿＿＿＿＿＿＿＿＿＿＿＿＿＿＿＿＿＿＿＿＿＿＿＿＿＿＿＿

購買書名：**開始養鸚鵡就上手**

・本書於那個通路購買？　□博客來 □誠品 □金石堂 □晨星網路書店 □其他＿＿＿

・促使您購買此書的原因？

□於＿＿＿＿＿書店尋找新知時　□親朋好友拍胸脯保證　□受文案或海報吸引
□看＿＿＿＿＿＿網路平台分享介紹　□翻閱＿＿＿＿＿＿報章雜誌時瞄到
□其他編輯萬萬想不到的過程：＿＿＿＿＿＿＿＿＿＿＿＿＿＿＿＿＿＿＿＿＿

・怎樣的書最能吸引您呢？

□封面設計　□內容主題　□文案　□價格　□贈品　□作者　□其他＿＿＿＿＿

・您喜歡的寵物題材是？

□狗狗　□貓咪　□老鼠　□兔子　□鳥類　□刺蝟　□蜜袋鼯
□貂　　□魚類　□烏龜　□蛇類　□蛙類　□蜥蜴　□其他＿＿＿＿＿
□寵物行為　□寵物心理　□寵物飼養　□寵物飲食　□寵物圖鑑
□寵物醫學　□寵物小說　□寵物寫真書　□寵物圖文書　□其他＿＿＿＿＿

・請勾選您的閱讀嗜好：

□文學小說　□社科史哲　□健康醫療　□心理勵志　□商管財經　□語言學習
□休閒旅遊　□生活娛樂　□宗教命理　□親子童書　□兩性情慾　□圖文插畫
□寵物　　　□科普　　　□自然　　　□設計/生活雜藝　　□其他＿＿＿＿＿

國家圖書館出版品預行編目（CIP）資料

開始養鸚鵡就上手/吳育諶著 ； 寧子Ning繪. — 初
版. — 臺中市：晨星出版有限公司, 2023.11
　304面 ； 16 × 22.5公分. —（寵物館 ； 114）
ISBN 978-626-320-606-9（平裝）

1.CST：鸚鵡 2.CST：寵物飼養

437.794　　　　　　　　　　　　　　112012326

寵物館 114

開始養鸚鵡就上手

從出生到終老健康成長必備指南

作者	吳育諶
繪者	寧子 Ning
編輯	余順琪
特約編輯	廖冠濱
編輯助理	林吟築
封面設計	高鍾琪
美術編輯	李京蓉

創辦人	陳銘民
發行所	晨星出版有限公司
	407台中市西屯區工業30路1號1樓
	TEL：04-23595820　FAX：04-23550581
	E-mail：service-taipei@morningstar.com.tw
	http://star.morningstar.com.tw
	行政院新聞局局版台業字第2500號
法律顧問	陳思成律師
初版	西元2023年11月15日

讀者服務專線	TEL：02-23672044／04-23595819#212
讀者傳真專線	FAX：02-23635741／04-23595493
讀者專用信箱	service@morningstar.com.tw
網路書店	http://www.morningstar.com.tw
郵政劃撥	15060393（知己圖書股份有限公司）
印刷	上好印刷股份有限公司

定價 450 元
（如書籍有缺頁或破損，請寄回更換）
ISBN：978-626-320-606-9

圖片來源：吳育諶、寧子Ning

Published by Morning Star Publishing Inc.
Printed in Taiwan
All rights reserved.

版權所有・翻印必究

| 最新、最快、最實用的第一手資訊都在這裡 |